村镇灾害应急管理
关键技术及方法

翟凤勇　邹志翀　韩喜双　编著

中国建筑工业出版社

图书在版编目（CIP）数据

村镇灾害应急管理关键技术及方法/翟凤勇，邹志翀，韩喜双编著.—北京：中国建筑工业出版社，2018.3

ISBN 978-7-112-21761-8

Ⅰ.①村… Ⅱ.①翟… ②邹… ③韩… Ⅲ.①乡镇-灾害管理-应急系统 Ⅳ.①X4

中国版本图书馆CIP数据核字（2018）第007736号

本书从村镇应急预案编制与评价、应急人群疏散仿真、村镇地表数据分析等角度，运用贝叶斯网络分析、图像识别、MATLAB计算平台、地理开源数据分析等技术，为提升村镇应急水平提供了若干关键技术。同时，配有源自实际的案例。不仅对相关科研人员具有参考价值，同时，对直接从事村镇应急相关管理、技术人员也具有重要的参考价值。

责任编辑：赵晓菲　朱晓瑜
责任校对：芦欣甜

村镇灾害应急管理关键技术及方法

翟凤勇　邹志翀　韩喜双　编著

*

中国建筑工业出版社出版、发行（北京海淀三里河路9号）

各地新华书店、建筑书店经销

北京佳捷真科技发展有限公司制版

北京京华铭诚工贸有限公司印刷

*

开本：787×1092毫米　1/16　印张：11½　字数：229千字

2018年3月第一版　2018年3月第一次印刷

定价：**35.00**元

ISBN 978-7-112-21761-8

（31606）

版权所有　翻印必究

如有印装质量问题，可寄本社退换

（邮政编码100037）

前　言

在整个人类社会经济发展过程中，各种灾害始终是人类不得不面对的问题。在我国，城市化进程不断深入，关于灾害的防治与研究也不断深入。当今社会已进入互联网＋和大数据时代，在此基础上，基于 AI 的各种技术在各个领域也开始得到应用。但在村镇区域，与城市防灾减灾能力相比，无论是硬件设施还是管理水平，居民的灾害应急意识水平，还存在着相当的差距。

本书是"十一五"国家科技支撑项目"村镇综合防灾减灾关键技术研究与示范"项目资助的成果之一。内容撰写从我国村镇灾害应急实际需求出发，并根据国家防灾减灾"一案三制"的要求，论述了村镇灾害应急管理关键技术，技术方法包括贝叶斯网络、神经网络、图像识别、元胞自动机、开源地理数据等，内容涉及应急预警与决策、应急预案编制与评价、基于开源地理数据的村镇区域规划、人群灾害预警及疏散等。

本书由翟凤勇、邹志翀、韩喜双编著。其中，第 1 章由韩喜双、翟凤勇执笔，第 2、5 章由翟凤勇执笔，第 3 章由刘仁辉、韩喜双、虎伟龙执笔，第 4 章由邹志翀执笔，第 6 章由翟凤勇、梅圣显执笔。全书由翟凤勇、韩喜双统稿，叶蔓对全书的图表、文字进行了校对及整理。

限于作者学术水平，本书难免有不当之处，欢迎广大读者提出宝贵意见。

目　　录

第1章　村镇灾害应急管理综述

在整个人类社会经济发展过程中，各种灾害始终是人类不得不面对的问题。在我国，城市化进程不断深入，关于灾害的防治与研究也不断深入，但在村镇区域，无论是硬件设施、管理水平、还是居民的灾害应急意识水平，都与城市存在着相当大的差距。

灾害按照起因可以分为自然灾害和人为灾害两大类。其中，自然灾害的防治一直是我国防灾救灾的重点。2010年，甘肃省舟曲县发生特大山洪泥石流灾害，造成1557人遇难，284人失踪；2015年10月强台风"彩虹"造成18人死亡，直接经济损失超过200亿元。

自然灾害造成巨大威胁的原因主要有：一方面，我国的基本情况决定了我国是一个饱受自然灾害之苦的国家。我国幅员辽阔，地理多样，自然灾害多发易发，而且不同地理位置的人们遭受的自然灾害种类也不一样。近些年，厄尔尼诺等气候异常现象出现频繁，更是导致了一系列极端自然灾害"在不该发生的地方发生了"。此类"猝不及防"的自然灾害威胁更大。另一方面，由于许多地区经济发展水平较低、人民群众的教育普及率不高、基层应急救灾建设水平低等，造成抗灾能力有限，加剧了对自然灾害的应对难度。

人为灾害指主要由人为因素引发的灾害，其种类很多，主要包括自然资源衰竭灾害、环境污染灾害、火灾、交通灾害、人口过剩灾害及核灾害。

近30年来，党和国家高度重视灾害防救问题，出台了一系列的法律法规，建立健全了应急救灾组织，并且不断探索、完善、深化，以应对灾害的威胁。1998年，《中华人民共和国减灾规划（1998—2010年）》正式颁布实施，减灾工程和非工程的建设投入增长迅速。规划中强调了应急预案在整个应急救灾体系建设中的重要性，并在薄弱环节第五条中特别强调基层组织应急救灾体系建设还不够完善。2011年，《国家综合防灾减灾规划（2011—2015年）》颁布，规划肯定了上阶段规划所取得的成果，并指出了未来的努力方向：广大城乡基层防灾救灾能力建设以及法律法规和预案体系。在《国家综合防灾减灾规划（2011—2015年）》中，对于现阶段我国的防灾救灾所面临的困难有详细的描述，其中指出，农村地区由于经济落后、人员设防意识不强、基础设施建设不到位而容易受到自然灾害及其次生衍生灾害的伤害。并强调了基层组织的重要性，提出了在城乡基层创建5000个防灾示范点[4]。2015年，《国家综合防灾减灾十二五规划》颁布，规划肯定了上阶段规划所取得的成果，并指出了未来的努力方向：广大城乡基层防灾救灾能力建设以及法律法规和预案体系。目前,国家减灾委专家委员会正在就《国家综合防灾减灾规划(2016—2020年)》的编制面向社会征求意见和建议。

现阶段我国仍属于发展中国家。2014年,农村人口占比约为46%,近年农村人口占比虽有不断下降的趋势,但仍然远远落后于典型发达国家美国1%的占比。更何况,农村的青壮年人口普遍外出打工,留守的只有老人和儿童。而且外出务工情况复杂,外出务工人员占比至今未有准确的官方数据。村镇区域不仅人口多,而且普遍存在交通不发达、房屋抗震抗灾性能差、卫生条件差等基础建设落后的情况。汶川地震之时,不少村镇道路阻塞,使得救援队伍无法进场搜救。村镇区域的应急救灾是我国整体应急救灾的薄弱环节。相较于国外全面、成熟的防灾救灾建设,我国的防灾救灾建设仍然存在着“城乡不均衡”等现象。而广大村镇区域不仅容纳了我国一半左右的人口,还在我国的经济建设和发展中承担着最基本和最直接的粮食生产等基础性的社会生产任务。一旦发生灾害,势必影响广大村镇区域人民的生命安全和生产活动,进而影响社会秩序和国民经济平稳运行。因此,为了保障人民生命财产安全和社会经济平稳运行,就迫切需要加强村镇区域应急救灾防灾建设的相关研究。

1.1 村镇灾害应急管理的研究内容

本书以村镇灾害应急管理为主要研究内容,具体针对村镇灾害应急预案的设计及评价、村镇地表信息识别、人群疏散信息识别、人群疏散仿真模型等方面进行深入研究。具体研究内容如图1-1所示。

要对村镇灾害应急管理进行研究,首先需要从理论上掌握村镇灾害应急决策技术。站在管理部门的角度,必须建立村镇应急管理预案。但考虑到现有预案的良莠不齐,必须展开对应急预案的评价研究。近年来,伴随着我国村镇区域的发展,村镇的地形地貌也发生了很大的变化。在灾害应急中,为了更好地指导应急工作、疏散人群,必须对村镇区域地表信息进行识别。同时,也需要对村镇区域应急设施、应急场所的设置进行分析和考察。为了更有针对性地对应急设施的设置提出优化方案和设计意见,需要对应急疏散中的人群进行识别及疏散仿真模拟,以期分析应急设施在疏散中的薄弱环节及潜在风险,提高应急设施的安全性。

因此,本书的主要研究内容集中在以下几个方面。

1.基于贝叶斯网络的村镇灾害应急决策技术

当灾害发生时,需要迅速进行应对,这就需要村镇灾害应急决策技术。贝叶斯网络可以有效地整合人类先验知识及各种客观数据。同其他模型相比,贝叶斯

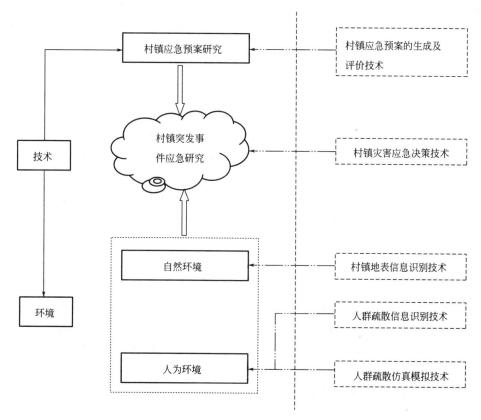

图 1-1 村镇灾害应急管理的研究内容

网络对已有的信息要求低，可以在信息不完全不确定的情况下，进行分析和推理。因此，本书基于贝叶斯网络对村镇灾害应急决策技术进行研究。

2. 村镇灾害应急预案的生成及评价技术

随着我国改革开放进入"十三五"阶段，国家国力和经济水平进一步提升，人民群众对于应急救灾的重视程度大大提高。而我国的城乡差距也正在逐年增加，已经达到了前所未有的程度。城乡的灾害应急管理水平更是相差悬殊。加之我国村镇区域面积大、基础设施不健全、卫生条件差等不利因素，提高村镇区域灾害应急管理水平成了当务之急。故而对村镇灾害应急预案进行评价研究，对于拉平城乡灾害应急管理差距、保障广大村镇居民的生命财产安全具有重大意义。

目前，村镇区域的应急救灾是我国整体应急救灾的薄弱环节。村镇区域应急救灾预案是否健全是村镇区域能否有效预防灾害的必要前提条件。当前，除了个别经济落后地区外，我国已经有相当一部分经济较为发达地区的村镇制定了属于本辖区的应急预案。但不少预案都有流于形式之嫌：简单、千篇一律、宏观、模糊、可操作性差等问题层出不穷。故而还需要对已有应急预案进行评价，用以提高村镇建设和村镇应急管理水平。

3. 基于开源地理数据的村镇地表信息识别技术

地表覆盖指的是地球表面的物理特征。地表覆盖物通常表达为植被、水体、岩石、土壤和其他类型的地表，其中也包括人工地表比如城市。而土地利用通常指土地为了满足人类社会活动和经济活动而被赋予的不同的使用属性。土地的地表覆盖变化能够在一定程度上反映出该区域土地的刚性供给。在村镇灾害中，掌握地表信息识别技术，可以更快地了解当地灾害地表状况，更有针对性地进行应急管理工作。本书以深圳土洋村与葵涌镇周边的地表覆盖变化过程为例，研究村镇灾害应急中的地表信息识别技术。

4. 人群识别及人群疏散仿真模拟技术

利用 MATLAB 对村镇区域人群进行识别，同时结合应急疏散建模理论和人群心理及行为方面的研究结果，构建人群应急疏散仿真理论模型，并结合实际案例对模型进行仿真模拟，为村镇区域相关场所的应急管理提供科学依据。

1.2 国内外研究现状及评述

1.2.1 应急预案国内外研究进展

1. 应急预案研究现状

应急预案是应急管理的基础和前提。按照应急预案的灾害类型、管理者和行政级别，可以将应急预案分为：总体应急预案、专项应急预案、部门应急预案、基层应急预案以及企事业单位应急预案和重大活动应急预案等类型，应急预案的编制流程可以分为成立预案编制小组、风险识别与评估、风险的分类分级、处置措施、组织机构及其职责、应急能力评估、编制预案、评审与演练以及发布预案等具体环节[1]。

目前，我国应急预案体系建设基本完成，但是也存在诸如缺乏规范性、缺乏系统分析、缺乏可操作性、缺乏修订机制等问题[2]。

张海波等学者使用了结构—功能分析方法，聚焦整个应急预案体系，认为我国应急预案体系失效的原因是结构性的，在当前结构下，应急预案甚至会妨碍救灾的灵活性，甚至成为免责工具[3]。唐玮等学者则从单件应急预案的整个生命周期入手，从预案编制、预案评价、预案演练的角度提出了提高预案有效性的建议[4]。

美国法律法规将企业的应急预案分为：应急行动预案（EAP）、应急响应预案（ERP）、设施应急预案（FCP）、综合应急管理预案（CEMP）、应急操作预案（EOP）等不同的类别，每个类别都有自己的特点、内容和适用情况[5]。蔡冠华等学者围绕《国家突发事件管理系统》（NIMS）、《国家应急反应框架》（NRF）比较了美国应急预案体系和我国的应急预案体系，指出了我国应急预案存在的不足，并从标准化的角度给出了建议[6]。

边归国等学者分析了我国企业当前应急预案编制存在的问题，针对企业单位应急预案的编制提出了六个程序、七个内容、八个保障的建议[7]。王子洋等人[8]将铁路领域的应急预案生命周期划分为四个阶段：预案编制、预案审批、预案使用、预案修订，并针对四个不同的周期阶段，绘制了每个阶段的工作流程图。张小兵等人[9]将应急预案视为公共产品的一种，从公共产品的视角将应急预案的生命周期划分为五个阶段：设计、测试、推广、整合、升级。并阐述了各个阶段应该注意的问题和原则。黄卫东等学者则提出了一种基于着色 Petri 网的情景演化应急预案流程模型[10]。针对应急预案的同质化，Alexander 等人对应急预案的制定、测试、修改、使用提供了一些准则、建议和模型[11]。

李洋等学者提出了基于案例推理（CBR）和基于规则推理（RBR）的应急预案生成方法[12]。李从善等学者提出了停电应急预案快速匹配与智能生成方法[13]。马莉等学者利用本体化技术构建了煤矿应急预案本体模型（CERPO），完成了煤矿应急预案的数字化开发[14]。Orach G 等人利用应急预案自动生成技术在东非三个地区成功制定了应急管理计划[15]。Dorge V 等人对于博物馆等文物机构的应急预案作了详细的研究[16]。Canós J H 等人将应急预案与西班牙一个市的地铁软件系统成功结合在了一起，解决了地铁应急预案管理时间紧迫的问题[17]。Ramabrahmam 等学者论述了一个高危化工企业的应急预案的特殊性，并对特殊部分作了详尽的解释和说明[18]。Kantor 等学者制定了完整的核建筑应急预案标准[19]。

张虎等人通过灰色聚类筛选出了应急预案评价指标，并用灰色关联方法赋予指标权重，建立了应急预案的评价指标体系[20]。Gebbie K M 等学者综合多位学者意见，提出了公共卫生机构的应急预案要以演习和演练作为重要的评价标准，并辅以实例分析[21]。

陶淑敏等学者对医院的低年资护士的应急预案实施效果作了分析[22]。于立友等学者提出了一种基于物元分析法的电力事故应急预案评估方法，构建了评价模型，并开发了一套软件评估系统。Cheng 等学者基于模糊理论，对于突发性水污染的应急预案作了评价，并给出了一个"好的应急预案"范例[23]。Shi 等学者构建了一套基于层次分析法群决策理论的化学事故应急预案评价体系,并通过了测试[24]。Narzisi G 采用了基于 Agent 模型的多目标进化算法来评价应急预案的有效性[25]。Greenberg 等学者完成了大费城地区医疗部门的生物或者化学污染应急预案评价[26]。更有学者建立了某地区军事化协同下的应急物流的评价模型[27]。Serrano 等学者采用了基于 Web 技术的模拟器建立了室内环境下的智能应急预案评估模型[28]。

2. 应急预案研究评述

通过对国内外文献的研究,可以知道国内外学者研究的相同与不同之处。国内外研究的相同之处有:①国内外研究都同样重视应急预案从开始到结束的全寿命周期,全寿命周期包括应急预案的制定、审批发布、预案演练、预案修订、预案废弃等;②应急预案的评价,国内外都集中在大城市、高危行业、重要行业等领域,都忽视了村镇区域的应急预案评价需求。

而国内外研究也有许多不尽相同的地方:①在应急预案研究中体系建设的研究是一个非常重要的部分,国内外都有很多的相关文献可以研究,但国内该部分的研究内容仍较国外的文献数量少,其部分原因可能是国内的应急预案体系建设仍需改进;②在基层应急预案研究领域,国内外文献总数都不少,但国内以行政区域为一个研究单元,而国外则更多偏向行业、地区;③在应急预案的生成上,国内研究者侧重于应急预案生成的理论和方法,而国外的研究则大多辅以实际应用;④应急预案演练方面,国内外研究者都将之视为应急预案评价的重要组成部分,但国外的应急预案演练,有数据支撑,而国内这方面的研究以定性分析居多。

国内外的研究表明以下几个重要的事实:

(1)国内研究侧重于体系、制度、理论研究。这一方面取决于我国的具体国情,另一方面,也反映了我国应急预案研究领域的不成熟,以及应急救灾实践的缺乏。本次研究即旨在为缩小我国在该领域与国外的差距而做出微小的努力;并能从实践着手,将理论与实践相结合,利用实践检验理论,填补我国应急预案研究领域实践视角的缺乏。

(2)以往的研究集中于行业和行政区域中的城市部分,忽略了广大村镇领域的应急预案研究需求。高危、重点行业以及人口密集的城市地区因其事关重大等自身特性,确实应该在研究的先期得到更多的重视,但是也不应该忘记占我国总人口接近一半的农村居民的生命安全。这也是本次研究的出发点之一。

1.2.2　人群疏散国内外研究进展

对于人群运动及疏散,最早人们通过试验观测的方法进行研究,主要的方式包括观察、拍照及录影。这一阶段的研究主要得出了一些经验公式和结论。其中主要成果见表 1-1。

国外试验观测阶段取得的部分重要成果 表 1-1

研究者	研究成果
Predtechenskii 及 Milinski	1937 年；人流速度与人群密度成反比的结论
俄罗斯火灾消防中心科学研究所[29]	1946~1948 年；不同年龄、不同季节的人体水平投影近似于椭圆；证明了人流通过率等于人流速度与密度乘积
Harlkin B 和 Wright[30]	得出单向人流速度和密度的关系
Fruin J[31]	建立了楼梯、走廊、人行道的服务等级（Level of Service），成为了最早的建筑设计标准之一

除了表 1-1 中提到的成果，该阶段还提出了许多人群速度和密度之间的经验公式。这些公式根据侧重点的不同，表达式各有差异。

随着研究的深入，人们发现试验观测的方法很难应用于超高、超大型建筑以及极端条件（火灾、地震）和突发紧急事故条件下人群应急疏散的研究。这些情况往往很难进行模拟试验，而且伴随着较大的危险性，具有社会伦理道德方面的风险。因此，研究者开始通过模型来模拟人群的疏散行为并加以研究。

早期，人们建立的是纯数学的模型。其中比较重要的有：

基于非合作博弈理论：1944 年由 Von Neumann 和 Morgenstern[32] 提出，给疏散参与者相应约束，建立支付矩阵进行计算，模拟和预测疏散人员选择的行为结果。

基于决策理论：1975 年由 Domencich 和 McFadden[33] 提出，核心是假定疏散者行为选择满足决策理论中自身效用最大化，从而通过计算各行为的效用值来预测疏散者选择的行为结果。

传播模型：分别由 Bartholomew（1963）[34]，Coleman（1964）[35]，M. Granovetter（1978）[36] 在不同的时间提出，模型采用数学表达式描述行人的行为、观点及人群中的谣言等的传播过程。

基于运筹学：1989 年由 Yuaski S，Macgregor S 等提出的排队论[37] 模型。

但是，在约束条件多、疏散主体多的复杂条件下，纯数学模型建模困难，计算量庞大。在实际的应用过程中，很难对实际疏散情况进行模拟，往往只能侧重于某一方面或者将整个疏散人群作为一个整体宏观考虑，无法对疏散者相互之间的微观作用进行细致分析，其得出的结果与现实情况有诸多不符。以上模型也因为将行人作为整体加以研究的特点，被研究者称为宏观模型。

随着计算机技术的出现和迅猛发展，其能进行大规模快速运算的特点受到了人群疏散行为研究者的注意，计算机使得研究者能够从更微观的角度对人群疏散行为进行建模分析，各种考虑行人个体属性的模型被提出。这些模型区别于将行人作为整体进行研究的宏观模型，依据其考虑行人个体属性的深度被研究者分为浅微观模型和微观模型两类。其中最有代表性的模型有以下几种：

（1）社会力模型[38]（微观模型）由 Handerson L. E 提出，模型认为人与人之间的作用是一种"社会力"。基于热力学中的 Maxwell-Boltzmann 分布，得出了忍耐前进速度的概率分布方式，在此基础上利用得出的分布方式研究了前进速度与性别、年龄、前进方式、所处地点之间的相互关系。社会力模型还考虑了恐慌对疏散过程的影响，提出了人群恐慌的数学表达式，针对恐慌度对疏散结果的影响进行了量化研究，提出了"因快而慢"的观点，得出了疏散效率下降时的运动速度阈值以及导致人员伤亡的速度阈值。

（2）磁场力模型[39]（微观模型）由 Okazaki 提出，他把人员看作磁场中的磁体。障碍物和人是正磁极，行人的目标是负极。人与人、人与障碍物之间同性具有斥力，且随着相互之间距离的缩短，斥力会增大。人与目标之间异性具有引力，且随着相互之间距离的缩短，引力会增强。而行人的速度、受力由该时刻所受到的合力决定。行人本身具有的磁场载荷越大，他受到的影响也越大，由此模拟不同疏散者因本身属性带来的区别。

（3）格子气模型（浅微观模型）原理为将平面用等大的方格进行划分，行人存在于网格的交点处，并沿着网格线移动，可模拟行人朝上下左右四个方向运动的行为。在使用该模型对行人疏散进行研究的领域中，比较突出的是日本的MasakuniMuramatsu 和 Tajima 等，他们首先提出将格子气模型用于研究出口和双向通道的人流变化[40]，以及出口宽度与饱和行人流量的函数关系[41]，并取得了一定的成果。但从原理上看，格子气模型可以说是元胞自动机模型的一种特殊的、比较简化的模式，所以相较于元胞自动机模型，格子气模型对于行人属性描述的深度和广度都有些不足。

（4）元胞自动机模型（浅微观模型），1987 年由 Toffoli T. 和 Margolus N[42] 提出，将时间、空间、状态变量离散化表示，从而使得模型容易利用计算机进行运行模拟。但这个模型仅考虑最邻近疏散者之间的相互作用，不能分析更复杂的情况。

Gipps 和 Marksjos 提出了适用范围广、更为人所接受的元胞自动机模型 CA 模型[43]。CA 模型将疏散平面进行网格划分，这些网格被称为元胞。每个元胞一般有 0，1 两个状态，表示被占据或者为空。疏散者的行为受到自身上一阶段状态、周围疏散人员状态和环境因素的影响。

近几年，国外该领域研究存在着微观化、多领域知识交叉的特点。

美国罗德岛大学的研究者基于元胞自动机模型对某大型商业购物区的区域疏散问题进行了研究，提出了一个系统的模型。该模型将疏散过程分为正常情况下和紧急情况下两种。研究的结果表明，紧急情况下恐慌和噪声更容易在人群中传播，降低疏散效率[44]。

加拿大西安大略大学的研究者利用博弈论和元胞自动机模型对行人的自私和非自私性格进行了着重研究[45]。研究结果发现随着人群中自私性格人数的比例不断增加，总疏散时间不断增加；而非自私人数比例增加时，结果相反，这表明非自私性格对应急疏散有着积极的影响。此外研究还表明，门宽对疏散结果影响重大，但门宽超过 6 单位元胞宽度以后，对于疏散结果影响就非常微小了。

美国的 Heydar M 等人针对稠密都市区行人疏散问题进行了研究[46]。他们提出了一种数学模型，该模型允许行人通过步行和乘坐公交两种方式进行疏散。模型考虑公交从车库调运到疏散区域站台和引导行人到指定站台乘车两个方面的综合作用，通过一个集成的混合整数线性规划求解最有效率的疏散方案。研究结果认为该模型能够支持 5 条公交路线 3 小时运行时间内的最优疏散方案。

Milad Haghani 和 Majid Sarvi 认为在之前应急疏散领域的研究中，普遍忽视了应急和非应急疏散两种情况下人群行为的区别。他们研究的结果如下[47]：普通疏散情况下，乘客与目的地的距离是最重要的影响因素；与非应急疏散相比，应急疏散条件下乘客会更加注意避免拥挤的出口。

美国的 Zhang X 和 Chang GL 对疏散中行人需要步行一段距离前往其交通工具的行为进行了深入研究[48]。他们认为这种行为将导致在疏散区道路上存在混合的行人—车辆流，这种混合流存在的相互作用容易导致混乱并降低疏散效率。于是提出了一种综合线性网络节点模型，以设计和优化疏散区大规模混合行人—车辆流。最后的模型计算结果表明，未能考虑到相互作用将产生不切实际的撤离计划，如被低估的疏散时间。

韩国的研究人员对弯曲走廊部分的行人流进行了深入的研究，他们认为弯曲走廊在应急疏散时可能是整个建筑中最危险的部位[49]。在研究中，他们采用了心理影响分析和离散元法。研究结果表明，随着走廊转弯坡度的增大，疏散时间呈线性增加；然而，从发生伤亡事故的角度来看，所有转弯角度中，90°的转弯走廊是最危险的，为了减少事故发生的可能性，应尽量避免行人在弯曲部分的聚集。

美国的 Mayer，Hermann 等人提出，理论上可以开发一个行人疏散模拟器，将行人疏散的实验与 BIM 相结合[50]。通过 BIM 动态收集行人的输入数据以进行行人模拟实验，行人模拟实验的结果又能反过来识别建筑的潜在威胁并评估保护措施。为了提高建筑物的相应性能，模拟器可以具有自动优化 BIM 模型的相关功能，如门开口和波纹断路器，这些优化经过工程师的审查，将直接转移到 BIM 模型中。研究者进一步提出，行人模拟的结果可以用于建筑的全寿命周期，行人疏散模拟应用与建筑业前景广阔。

芬兰阿尔托大学的研究者设计了一个真人疏散实验，目的是研究在两个出口不对称的情况下，行人的疏散行为和出口选择情况[51]。他们采用统计学的方法分析收集到的数据，分析的结果表明在出口不对称的情况下，行人在评估撤离最快的出口时可能无法做出最佳决定。并且，能缩短总疏散时间的原因是疏散者的自私利己行为而非无私利他行为。

Elzie 等人对于疏散人群中的团体进行了研究[52]。他们建立了基于 Agent 的行人运动模型进行仿真研究。初步结果表明，恐慌等情绪因素在人群的传播过程中，团体（主要由家庭组成）起着重要的作用。而人群中平均团体规模是人群的总体疏散时间的主要影响因素。团体的规模越大，其疏散速度越慢，所用疏散时间也越长。该研究从一个角度解释了人群中出现危险行为的可能性。

我国关于人员应急疏散的研究起步较晚。目前为止取得的一些成果有，东北大学张培红[53] 对火灾时人员疏散行动能力的主要影响因素进行研究，基于建筑物空间疏散形状的排队现象和多态现象，建立火灾时人员疏散行为的数学模型；并对地下车库火灾时，变风量排烟系统对行人疏散结果的影响进行了研究，得出了最佳排烟速率。

首都师范大学的周淑秋、孟俊仙、刘真[54] 基于元胞自动机模型，对人员疏散仿真算法进行了改进，设计了目标元胞选择算法，在疏散仿真模型中引入环境熟悉程度和运动方向因子，设计并实现了疏散仿真系统。

中国科学技术大学火灾科学国家重点实验室宋卫国等[55]，量化了人员疏散过程中摩擦力与排斥力，并建立一种新的人员疏散的元胞自动机模型，该模型在人员疏散行为、疏散速度及"快即是慢"效应等方面结论与社会力相同。

武汉大学的方正博士和香港城市大学的卢兆明博士[56] 提出了利用计算机模拟显示的技术收集人员在火灾中行为量化数据的调查方法，并结合火灾后的问卷调查及疏散演习等手段收集了大量有关火灾中人员行为的数据，比较详细地研究了建筑物防火通道内的标识（灯光、张贴、指引、广播）对人员疏散行为的影响，得出了一些有价值的结论，建立了网格疏散模型（SGEM）。

武汉大学的吕雷等人[57] 对学校教学楼的人流密度和疏散速度进行了实测，对疏散中的隐患进行了分析。

上海交通大学的卢春霞[58] 采用气体动力学中的波动理论对人群拥挤踩踏事故进行了研究，把事故的发生看作因扰动而导致的"激波"现象。模型对初始密度分布、速度确定下激波产生规律进行了预测。

国防科学技术大学的刘全平[59] 等提出一种多智能体和元胞自动机的人群疏散模型。将元胞空间中被虚拟人个体占据的元胞视为一个独立的 Agent，并将元胞及其状态进行封装，扩展为具有自主性的 Agent。然后通过设计各种人群疏散行为策略作为演化规则，实现个体的差异性。

北京交通大学中国综合交通研究中心的许奇等[60]针对行人运动过程中快速决策的特征，通过构建基于认知启发式规则的行人运动行为规则集合，建立了描述行人微观运动行为的动力学模型。通过设计仿真实验并收集数据，对模型的有效性进行了验证。

中国科学院大学的隋杰等[61]以社会力模型为基础，将毒气扩散模型与之融合，建立了针对地铁站发生毒气泄漏事件时行人应急疏散模型。模型考虑了人的恐慌心理和风速对毒气传播的影响，并基于 Anylogic 软件进行了仿真实验。结果表明总体的伤亡数与毒气源的位置有关，位置不同，伤亡不同；及早发现毒气泄漏，及时疏散行人，能够较大程度减轻伤亡。

张鹏等[62]开发出一种新型人工蜂群算法用来进行人群疏散运动仿真，原算法仅限于解决局部最优问题，但该种算法改善了这个局限，利用协同进化保证算法能够进行全局优化求解。该种算法收敛速度快，精度高，为疏散仿真提供了一种新思路。

同济大学 CIMS 中心的朱雷等[63]针对应急疏散中的可视化建模问题进行了研究，提出了一种基于 GIS 技术进行疏散环境可视化快速建模的方法。该方法基于美国 ArcGIS 地图软件进行，通过在 GIS 中导入地图信息的方式快速建立目标区域三维模型，能够较大地提高应急疏散建模阶段的效率。

清华大学公共安全研究院的李丽华等[64]采用真人疏散实验和社会网络分析法，比较研究了常态和应急疏散状态下人群的社会关系，重点研究疏散中领导者的出现机制、团体的凝聚性、疏散群体的形成。结果表明，常态中话语权大或在疏散过程中速度快的人更容易成为疏散中的领导者；应急疏散中团体的形成往往以常态下的团体关系为基础。

同济大学建筑设计研究院的鞠永健、王坚提出了一种基于互联网＋的应急疏散照明系统的设想[65]。通过在灯具上安装传感器并连接到互联网络，实现动态实时信息的收集和输入，这些信息上传至互联网后，由物业消防控制平台进行分析，当发生事故时，平台能及时发出警报并制定出最佳疏散方案，行人可以通过手机上的 APP 与物业消防控制平台进行连接，实时接收到警报和疏散指引。

安徽理工大学的王琨和盛武[66]对某高校教学楼进行了真人疏散实验，在各楼梯出口采集疏散数据，随后应用回归分析的方法构建了数学模型。结果表明，拥堵出现在开始疏散后的 $80\sim185s$；在研究的 5 层教学楼中，二楼楼道拥堵的时间最为长久。而合理调整排课顺序，增强应急疏散标志的可视范围能减少拥堵并缩短总疏散时间。

吉林大学的于德新等[67]针对灾害事件发生时，德州市车辆的应急疏散问题进行了研究。研究以 BPR 路阻函数为基础，分别建立了路段行程时间模型和路径行程时间模型，随后运用 TransModeler 仿真软件建立了路网模型，在假定发生Ⅱ级交通事故的条件下进行了仿真实验，将仿真实验取得的数据与理论模型计算的数据对比后发现，理论模型具有较高的精确度和保真度。

李昌宇等[68]对从众心理在应急疏散中的影响进行了重点研究，以地铁站为例，建立 Agent＋社会力混合模型。模型中融入了将从众心理量化的从众系数，用于模拟现实中的从众行为。实验结果表明，从众心理与疏散时间和疏散效率呈现"U"形关系，过少或者过度的从众心理都会使得疏散时间延长，疏散效率下降，只有适度的情况下，疏散结果会比较好。

哈尔滨工业大学交通安全特种材料与智能化控制技术交通行业重点实验室的安实等[69]，将决策理论中的后悔值法引入应急疏散分析中，基于后悔值最小建立多项 Logit 模型。后悔值模型与传统的效用值模型进行输出结果对比，发现后悔值模型的输出结果与实测数据的拟合度优于传统效用值模型，这表明，应急疏散者的决策行为是倾向于后悔最小化而非预期效用最大化的。文章还对后悔＋效用值混合模型进行了展望，预测混合模型可能有更好的仿真效果。

华东师范大学的谢君等[70]将拓扑学中的虚拟节点法引入应急疏散的研究中，并对虚拟节点法在多出口疏散条件下的适用性进行了检验。他们以某路网为例，设置不同的出口数量、出口位置，通过虚拟节点法算出总疏散时间并与实际测出的结果相比较，结果发现，当各个安全出口位置比较分散，且各出口承担的疏散人数相差不多时，虚拟节点法得出的结果比较接近实测数据；而其他情况下，该方法适用性较差。

首都经济贸易大学的赵薇[71]对引导者在应急疏散中的作用进行了重点研究。研究采用元胞自动机模型为基础，并将疏散人群划分成独立个体、小团体和引导者三类。研究设计了有无引导者的对照疏散实验。结果表明，在其他条件相同的情况下，有引导者能够使疏散人群有明确的疏散目标，减少决策时间；能够使疏散人群均衡合理地利用疏散出口，减少拥堵；能够使疏散过程严谨有序，提高疏散效率。

到目前为止，国内外关于应急疏散问题，主流采取的方法是理论建模然后计算机模拟仿真。相关的计算软件有 20 多种，如英国格林威治大学开发的 Building EXODUS、英国爱丁堡大学的 Simulex、美国 NIST 的 EXITT、俄罗斯 XJ Technolegic 的 Anylogic。

对于到目前为止建立的模型而言，依上文所述分为宏观模型、浅微观模型和微观模型三类。宏观模型因为其建模上具有先天缺陷，难以直观和定量揭示局部和细节的信息，输出的结果与现实相差较大，已淡出研究者的视野，近十几年基本上没有相关的新理论出现。现今行人疏散领域模型研究的主流为浅微观模型和微观模型。微观模型与浅微观模型各有优缺点：

微观模型的优点在于考虑的个体因素多，计算公式全面而复杂，往往结合积分学和牛顿力学理论，在仿真效果上较好，能够比较真实地模拟实际中行人疏散的情况。缺点在于微观模型计算量与疏散人数的二次方成正比，计算量在人数较多时非常大，运行速度缓慢。因此，难以应用于大规模疏散人群的计算机仿真。

浅微观模型与微观模型相比考虑的因素较少，大多数情况下在定量揭示局部和细节信息方面不如微观模型精确，但抽象得当的话也可在相当程度上模拟人群疏散的真实情况。而且因为规则简单，应用于计算机仿真时，计算量较小，运行速度快，效率高。可以说浅微观模型是目前唯一既能达到比较准确的仿真效果，又能应用于疏散人数较多情况下计算机仿真的模型。元胞自动机模型就是浅微观模型的代表，成为了近十几年行人疏散领域模型研究的焦点之一。

在以往元胞自动机模型的研究中，虽然元胞自动机能够简化复杂环境，使得研究能够直达一些本质，但其存在着无法很好反映个体间差异的缺陷，所以将Agent属性结合元胞自动机规则的方式建模能够很好地兼顾模型的精确性和实用性，这成为了近几年基于元胞自动机理论建模的主流趋势。

但是，目前大部分Agent＋元胞自动机混合模型构建中，普遍存在着以下两类问题：一是Agent属性的定义往往来自于以往文献的研究成果，与实际研究的人员主体不相匹配；二是模型的规则设定要么过于随机，要么过于刻板。这些问题都一定程度上影响了模型的精确性、有效性，使得模型最终的效果不尽如人意。

因此，为了进一步改善和发展Agent＋元胞自动机混合模型，本书将基于实际研究的主体和环境进行建模仿真。

具体的做法是，将以往的人群疏散理论、真实的人员主体数据和建筑物数据相结合，并在规则设定中兼顾随机性和确定性，从而改善模型的仿真效果，在丰富人员应急疏散相关理论的同时，具有较高的实用价值和实践意义。

参 考 文 献

[1] 陶振.突发事件应急预案：体系、编制与优化 [J].行政论坛，2013，5.
[2] 国务院办公厅国务院应急管理办公室.全国应急预案体系建设情况调研报告 [J].中国应急管理，2013，1：8-11.
[3] 张海波.中国应急预案体系：结构与功能 [J].公共管理学报，2013，2：1-13.
[4] 唐玮，姜传胜，佘廉.提高突发事件应急预案有效性的关键问题分析 [J].中国行政管理，2013，9.
[5] 李湖生.美国企业应急预案及其对我国的启示 [J].中国安全生产科学技术，2014，11：65-70.
[6] 蔡冠华，黎伟.美国应急预案体系研究及对我国的标准化建议 [J].质量与标准化，2013，7：42-45.
[7] 边归国.我国企业突发环境应急预案编制的研究 [J].中国环境管理，2013，5（4）：36-42.

［8］ 王子洋，赵忠信，刘小霞等.铁路应急预案全生命周期管理流程及其 Petri 网建模技术研究 ［J］.物流技术，2010，29（5）：75-77.

［9］ 张小兵，王建飞，解玉宾等.公共产品视域下应急预案周期管理探讨 ［J］.灾害学，2015，2：162-166.

［10］ 黄卫东，童喆，刘寅卯.基于着色 Petri 网的情景演化应急预案流程建模 ［J］.信息与控制，2013，42（4）：492-498.

［11］ Alexander D. . Towards the development of a standard in emergency planning ［J］. Disaster Prevention and Management：An International Journal，2005，14（2）：158-175.

［12］ 李洋，李星，吴秋云等.基于 CBR＋RBR 的快速应急预案生成方法 ［J］.兵工自动化，2013，5：31-35.

［13］ 李从善，刘天琪，李兴源.停电应急预案快速匹配与智能生成方法 ［J］.电力自动化设备，2014，34（1）：32-36.

［14］ 马莉.本体的煤矿数字化应急预案系统研究 ［J］.西安科技大学学报，2014，34（2）：216-223.

［15］ Orach G. ，Mamuya S. ，Mayega R. ，et al. Use of the Automated Disaster and Emergency Planning Tool in Developing District Level Public Health Emergency Operating Procedures in Three East African Countries ［J］. East African journal of public health，10（2）：440-448.

［16］ Dorge V. ，Jones S. L. . Building an emergency plan：a guide for museums and other cultural institutions ［M］. Getty Publications，2000.

［17］ Canós J. H. ，Alonso G. ，Jaén J. . A multimedia approach to the efficient implementation and use of emergency plans ［J］. Ieee multimedia，2004，11（3）：106-110.

［18］ Ramabrahmam B. V. ，Sreenivasulu B. ，Mallikarjunan M. M. . Model on-site emergency plan. Case study：toxic gas release from an ammonia storage terminal ［J］. Journal of loss prevention in the process industries，1996，9（4）：259-265.

［19］ Kantor F. ，Fox Jr. E. ，Wingert N. ，et al. Criteria for preparation and evaluation of radiological emergency response plans and preparedness in support of nuclear power plants ［J］. 1996.

［20］ 张虎.基于灰色理论的应急预案实施效果评价研究 ［D］.河北大学，2014：64-68.

［21］ Gebbie K. M. ，Valas J. ，Merrill J. ，et al. Role of exercises and drills in the evaluation of public health in emergency response ［J］. Prehospital and disaster medicine，2006，21（03）：173-182.

［22］ 陶淑敏，赵芳，谢涛.对低年资护士实施应急预案演练的效果分析 ［J］.护理研究，2014，（18）：2284-2285.

［23］ Cheng C. ，Qian X. . Evaluation of emergency planning for water pollution incidents in reservoir based on fuzzy comprehensive assessment ［J］. Procedia Environmental Sciences，2010，2：566-570.

［24］ Shi S. ，Cao J. ，Feng L. ，et al. Construction of a technique plan repository and evaluation system based on AHP group decision-making for emergency treatment and disposal in chemical pollution accidents［J］. Journal of Hazardous Materials，2014，276：200-206.

［25］ Narzisi G.，Mysore V.，Mishra B.. Multi-objective evolutionary optimization of agent-based models［C］. 2nd IASTED International Conference on Computational Intelligence，CI 2006，2006.

［26］ Greenberg M. I.，Jurgens S. M.，Gracely E. J.. Emergency department preparedness for the evaluation and treatment of victims of biological or chemical terrorist attack［J］. The Journal of emergency medicine，2002，22（3）：273-278.

［27］ Pettit S.，Beresford A.. Emergency relief logistics：an evaluation of military，non-military and composite response models［J］. 2005.

［28］ Serrano E.，Poveda G.，Garijo M.. Towards a holistic framework for the evaluation of emergency plans in indoor environments［J］. Sensors，2014，14（3）：4513-4535.

［29］ Predtechenskii V. M.，Milinskii A. I.. Planning for Foot Traffic Flow in Buildings［M］. Stroiizdat Publishers，1969：25-32

［30］ Harlkin B.，Wright R.. Passenger flow in subways［M］. Operational Research Society 1985，9（2）：81-88.

［31］ Fruin J.. Pedestrian Planning Design［J］. Metropolitan Association of Urban Designers & Environmental Planners，1971：136-139.

［32］ 冯·诺伊曼，摩根斯顿. 博弈论与经济行为［M］. 王文玉，王宇译. 北京：生活·读书·新知三联书店，2004：23-29.

［33］ Tom Domencich and Daniel L. McFadden. Urban Travel Demand：A Behavioral Analysis ［J］. North-Holland Publishing Co.，1975，10（4）：134-152.

［34］ Bartholomew D.. Social Processes［M］. 2nd ed. London：Wiley，1963.

［35］ Coleman，William. Zoologist：A Study in the History of Evolution Theory.［M］. Harvard University Press，1964.

［36］ M. Granovetter. Threshole Models of Collective Behavior［J］. American Journal of Sociology，1978（8）：1420-1443.

［37］ Yuaski S.，Macgregor S.. Modeling circulation systems in buildings using state dependent queuing models［J］. Queueing System，1989（4）：319-338.

［38］ Handerson L. E.. Sexual differences in human crowd motion［J］. Nature，1973，240：353-355.

［39］ Okazaki S.，Matsushita S.. A Study of Pedestrian Movement in Architectural Space，Part 1：Pedestrian Movement by the Application on of Magnetic Models［J］. Transactions of the Architectural Institute of Japan，1979：101-110.

［40］ Masakuni Muramatsu. Jamming transition in pedestrian counter flow［J］. Physica A Statistical Mechanics & Its Applications，1999，267（3-4）：487-498.

［41］ Tajima Y.，Nagatani T.. Scaling behavior of crowd flow outside a hall［J］. Physica A Statistical Mechanics & Its Applications，2001，292（1）：545-554.

［42］ Toffoli T.，Margolus N.. A Cellular Automata Machines［J］. Springer Berlin Heidelberg，1987：312-318.

［43］ Gipps. Marksjors. Cellular Automation Approach to Pedestrian Dynamics Theory［J］. Pedestrian and Evacuation Dynamics，2001，75-86.

［44］ Jun Li，Siyao Fud，Haibo He，Hongfei Jia，Yanzhong Li，Yi Guof. Simulating large-scale pedestrian movement using CA and event driven model：Methodology and case study［J］. Physica A 437（2015）：304-321.

［45］ Xiao Song，Liang Ma，Yaofei Ma，Chen Yang，Hang Ji. Selfishness- and Selflessness-based models of pedestrian room evacuation［J］. Physica A 447（2016）：455-466.

［46］ Heydar M.，Yu J.，Liu Y.，MEH Petering. Strategic evacuation planning with pedestrian guidance and bus routing：a mixed integer programming model and heuristic solution［J］. Journal of Advanced Transportation，2016，50（7）：1314-1335.

［47］ MiladHaghani，MajidSarvi. Human exit choice in crowded built environments：Investigating underlying behavioural differences between normal egress and emergency evacuations［J］. Fire Safety Journal，2016，85（10）：1-9.

［48］ Zhang X.，Chang GL. An Optimization Model for Guiding Pedestrian - Vehicle Mixed Flows During an Emergency Evacuation［J］. Journal of Intelligent Transportation Systems，2014，18（3）：273-285.

［49］ Song，Gyeongwon. Discrete element method for emergency flow of pedestrian in S-type corridor［J］. Journal of Nanoscience and Nanotechnology，2014，14（10）：7469-7476.

［50］ Mayer，Hermann，Klein，Wolfram. Pedestrian simulation based on BIM data［C］. ASHRAE/IBPSA-USA Building Simulation Conference，2014：425-432.

［51］ Heliovaara，Simo，Kuusinen，Rinne. Pedestrian behavior and exit selection in evacuation of a corridor-An experimental study［J］. Safety Science，2012，50（2）：221-227.

［52］ Elzie，Terra，Frydenlund，Erika. Panic that spreads sociobehavioral contagion in pedestrian evacuations［J］. Transportation Research Record，2016，2586：1-8.

［53］ 张培红，陈宝智. 建筑物火灾时人员疏散群集流动规律［J］. 东北大学学报（自然科学版），2001，22（5）：564-567.

［54］ 周淑秋，孟俊仙，刘真. 大型建筑物人员疏散仿真系统及实现［J］. 计算机仿真，2009，6（6）.

［55］ 宋卫国，于彦飞，范维澄，张和平. 一种考虑摩擦与排斥的人员疏散元胞自动机模型［J］. 中国科学 E 辑：工程科学材料科学，2005，07.

［56］ 方正，卢兆明. 建筑物避难疏散的网格模型［J］. 中国安全科学学报. 2001，02.

［57］ 吕雷，程远平，王婕，高宇飞，刘静. 对学校教学楼疏散人数及疏散速度的调查研究［J］. 安全，2016，01（01）.

［58］ 卢春霞. 人群流动的波动性分析［J］. 中国安全科学学报，2006，02（02）.

［59］ 刘全平，梁加红，李猛，付跃文. 基于多智能体和元胞自动机人群疏散行为研究［J］. 计算机仿真，2014，01.

[60] 许奇，毛保华，钱堃等.基于认知启发式规则的行人动力学建模 [J].交通运输系统工程与信息，2012，12（8）：149-154.

[61] 隋杰，万佳慧，于华.基于社会力的应急疏散仿真模型应用研究 [J].系统仿真学报，2014，26（6）：1197-1201.

[62] 张鹏，刘宏，王爱霖.基于人工蜂群算法的疏散运动仿真 [J].计算机工程，2013，39（7）：261-264.

[63] 朱雷，王坚，凌卫青.基于GIS技术的可视化建模 [J].中国公共安全：学术版，2014，1：49-53.

[64] 李丽华，马亚萍，丁宁，张辉，马晔风.应急疏散中社会关系网络与"领导-追随"行为变化 [J].清华大学学报（自然科学版），2016，03：334-340.

[65] 鞠永健，王坚.基于互联网＋的应急疏散照明技术探讨 [J].现代建筑电气，2016，7（7）：152-157.

[66] 王锟，盛武.高校教学楼楼梯出口应急疏散模型研究 [J].消防科学与技术，2016，3：24-29.

[67] 于德新，仝倩，杨兆升，高鹏.重大灾害条件下应急交通疏散时间预测模型 [J].吉林大学学报（工学版），2013，43（3）：653-658.

[68] 李昌宇，李季涛，宋小满，周茵.基于从众心理的城市轨道交通站内应急疏散仿真研究 [J].铁道运输与经济，2016，38（9）：77-82.

[69] 安实，王泽，王健，崔建勋.后悔视角下的应急疏散出行方式决策行为分析 [J].交通运输系统工程与信息，2015，15（4）：18-23.

[70] 谢君，万庆，张弛，李强，李响.虚拟节点法在多出口疏散方案中的适用性分析 [J].计算机工程与应用，2014，50（23）：245-251.

[71] 赵薇.公共场所人员应急疏散引导研究 [J].中国安全生产科学技术，2016，12（9）：165-172.

第2章　基于贝叶斯网络的
村镇灾害应急决策

贝叶斯网络（Bayesian Network），又被称为贝叶斯信念网络（Bayesian Belief Network）、因果网络（Causal Network）或者贝叶斯网（Bayes Nets），是贝叶斯理论与图论结合的产物，是使用数理统计知识解决复杂系统中不确定问题的建模及分析方法。

贝叶斯网络有效地融合人类先验知识及各种客观数据，融合了定性分析和定量研究方法。贝叶斯网络首先由 Pearl 在 1988 年提出，但只针对特定的网络结构。进入 20 世纪 90 年代开始被广泛用于不确定领域的分析。随着机器学习、数据挖掘等技术的兴起，贝叶斯网络的应用领域得到了大大拓展。贝叶斯网络被应用在模式识别、预测、诊断等领域。

与其他模型相比，贝叶斯网络具有一定的优越性。首先，对已有的信息要求低，可以进行信息不完全、不确定情况下的推理，同时具有良好的可理解性和逻辑性。

贝叶斯网络通过实践积累，可随时进行学习，改进网络结构和参数，提高故障诊断、决策分析能力。此外，贝叶斯网络只考虑存在因果依存关系的概率关联，因此可以比较容易地梳理相对复杂因果关系事件，计算也比较方便，同时能够给出相应的预测及决策建议。

2.1　贝叶斯网络的概率论基础

2.1.1　条件概率、乘法公式和链式规则

1.条件概率

设 A，B 是 E（E 为基本事件集）的两个事件，且 $P(A)>0$，事件 A 发生条件下，事件 B 的条件概率：

$$P(B|A)=\frac{P(AB)}{P(A)} \tag{2-1}$$

2.乘法公式

设 A，B 是 E 的两个事件，若 $P(A)>0$，则概率乘法公式为：

$$P(AB)=P(A)P(B|A) \text{ 或 } P(AB)=P(B)P(A|B) \tag{2-2}$$

3. 链式规则

对事件 A_1，A_2，$\cdots$，A_n，且 $P(A_1A_2\cdots A_{n-1})>0$，可得到推广的乘法公式：

$$P(A_1A_2\cdots A_n)=P(A_1)P(A_2|A_1)P(A_3|A_1A_2)\cdots P(A_n|A_1A_2\cdots A_{n-1}) \tag{2-3}$$

2.1.2　全概率公式

若事件 B_1，B_2，$\cdots$，B_n 两两交集为空集，且其并为样本空间。则全概率公式为：

$$P(A)=\sum_{i=1}^n P(B_i)P(A|B_i) \tag{2-4}$$

2.1.3　贝叶斯公式

设 B_1，B_2，$\cdots$，B_n 是互不相容的完备事件组，且 $P(B_i)>0$，A 是任意事件，且 $P(A)>0$，则贝叶斯公式为：

$$P(B_i|A)=\frac{P(B_i)P(A|B_i)}{\sum_{j=1}^n P(B_j)P(A|B_j)} \tag{2-5}$$

即事件 A 发生条件下，事件 B_i 发生的概率。

在贝叶斯公式中，伴随的相关术语有：

（1）先验概率

指根据历史资料或主观判断所确定的各事件发生的概率。先验概率一般分为两类，一类是客观先验概率，指利用过去的历史资料计算得到的概率；一类是主观先验概率，是指缺乏足够历史数据，只能凭借人们的主观经验判断确定的概率。

（2）后验概率

指利用贝叶斯公式，根据调查等方式获取新信息后，对先验概率进行修正后得到的概率更新值。

2.2　贝叶斯网络的建模

贝叶斯网络可以描述随机变量（事件）之间概率因果关系的图，由网络结构和条件概率表两部分组成。其中的网络结构是一个有向无环图。用式子表示，就是 $N=(G_s, G_p)$，其中 G_s 是具有 n 个节点的有向无环图，即贝叶斯网络的网络结构，每个节点代表一个随机变量，节点状态对应变量的数值，图的边表示节点之间的概率关系。G_p 表示贝叶斯网络条件概率分布表的集合，可记为 $P(x_i \mid Pa(x_i))$，给定其父节点集合为 $Pa(x_i)$ 的前提下，x_i 发生的概率。

2.2.1 贝叶斯网络的无环图结构

为便于计算分析，贝叶斯网络图不允许出现环。如图 2-1 所示，左边的图形含有圈但不含有环，可以是贝叶斯网络，右边的图形包含一个环，不符合贝叶斯网络要求。

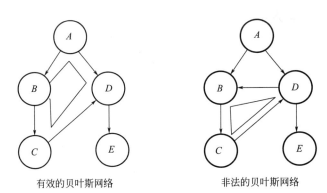

有效的贝叶斯网络　　　　　　　　　非法的贝叶斯网络

图 2-1　贝叶斯网络要满足无环图要求

每一个贝叶斯网络节点对应的随机变量 X，记其父节点集合为 $Pa(X)$，所有这样的非后代节点集合为 NonDesc(X)，则节点 X 条件独立于它的非后代节点，即有：

$$I(X; \mathrm{NonDesc}(X) \mid Pa(X))$$

给定了节点的除了父节点的其他节点，每个随机变量都条件独立于这些节点。

对于贝叶斯网络图中的一个路，路上诸节点的类型有：线性的、分叉的和收敛的。以图 1-1 为例，节点 B 是线性的，节点 A 是分叉的，节点 D 是收敛的。

若下面三个条件之一成立：

（1）路上的一个节点是线性的，且在证据集内；

（2）路上的节点是分叉的，且在证据集内；

（3）路上的节点是收敛的，且该节点及其子节点都不在证据集内。

在贝叶斯网络中，给定了证据节点集 E，则非直接相连的两个节点信念（主观概率）是独立的。

2.2.2 贝叶斯网络的条件概率表

构建贝叶斯网络结构后，需要设定相应的条件概率，用于相关分析。以一个简单的例子进行说明。

考虑一个场景，如果一个住所发生火情，会触发警铃，如果发生地震，也会触发警铃。听到警铃，考虑到邻居是否在家或者是否听到，会以一定概率选择是否给该住户居民打电话提醒。从而用如图 2-2 所示的贝叶斯网络结构表示。

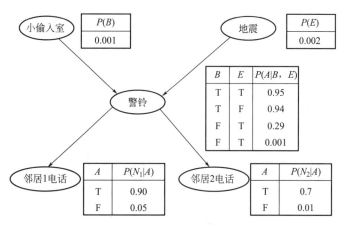

图 2-2　一个简单的贝叶斯网络示意

若对应的随机变量用离散变量表述，则可以用条件概率表（Conditional Probability Table，CPT）表述这些条件概率。以图 2-2 所示的贝叶斯网络为例，首先，设定根节点"小偷入室"和"地震"的概率；然后，设定节点"警铃"在其父节点可能取值组合条件下，发生的概率；最后，设定一旦警铃发生或不发生，两位邻居给该住户打电话的概率。

构建了贝叶斯网络后，若给出了各节点的条件概率表，就可以进行相应的概率推断。最简单的有两个节点的路的概率推断，如图 2-3 所示。

图 2-3　两节点的概率推断图

可用公式：

$$P(B) = \sum_A P(A)P(B|A) \tag{2-6}$$

计算节点 B 的可能状态下的概率。

一般地，对于线性路径，若证据集 E 发生，计算的概率按照式（2-7）进行：

$$P(X_n, E) = \sum_{X_k} \cdots \sum_{X_1} \Pi_i P(X_i | Pa(X_i)) \tag{2-7}$$

以图 2-2 为例，计算"小偷没有入室且没有地震，警铃响起，该住户同时接到两位邻居的电话"这些随机事件同时发生的先验概率为：

$$P(N_1 \wedge N_2 \wedge A \wedge B^c \wedge E^c) = P(N_1|A)P(N_2|A)P(A|B^c, E^c)P(B^c)P(E^c)$$

$$=0.9\times0.7\times0.001\times0.999\times0.998=0.00062$$

给定了证据变量集 E，即观测到的那些事实，待推断的变量节点 X，贝叶斯推断就是确定后验概率分布 $P(X\mid E)$。条件概率表见表 2-1。

		条件概率表	表 2-1
J	M	$P(X\mid J=\mathrm{T},M=\mathrm{T})$
T	T	?

上述计算，可借助专业化的贝叶斯软件进行，如 GeNIe，Netica 等。贝叶斯网络计算的复杂度，随着变量数目的增长呈指数增长。

一个应用贝叶斯网络的实例——病人诊断问题[1]。考虑亚洲刚刚有流行性肺炎，所以如果病人去过亚洲，会增大得肺炎（Tuberculosis）的概率。同时，肺病与抽烟习惯又有关系，抽烟会增大得肺癌的概率，同时又会容易导致支气管炎（Bronchitis）。肺病又会导致呼吸困难（Dyspnea），形成病症。通过大量病例分析，输入各个节点具有父子关系的 CPT，借助 Netica 软件，可以构建出如图 2-4 的贝叶斯网络，相应概率表述各个节点的先验概率。

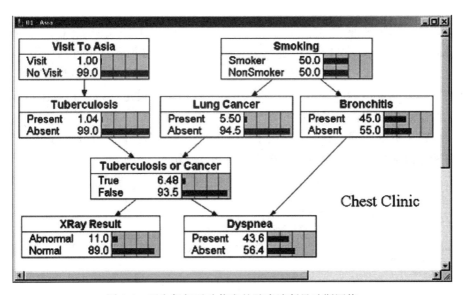

图 2-4　不含任何后验信息的肺病诊断贝叶斯网络

如果通过问诊，得知病人经常出现呼吸困难（Dyspnea），可以在该节点上用新的概率值进行更新，此时节点 Dyspnea 颜色变成灰色，表明得到了新的证据。借助 Netica 的内部计算，其他节点的概率值得到了更新，如图 2-5 所示。

此时会发现，与图 2-4 相比，支气管炎（Bronchitis）的概率显著增大，此外，肺炎（Tuberculosis）、肺癌的概率均提升了，表明患肺病的概率增加，得肺

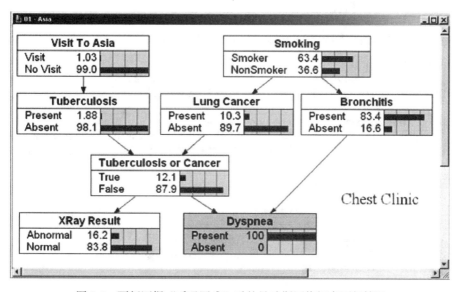

图 2-5　更新证据"呼吸困难"后的贝叶斯网络概率更新情况

炎或肺癌的概率由 6.48% 提升到 12.1%。

如果得知该患者还去过亚洲，将新的证据在节点"Visit To Asia"加以体现，则得到了在新信息情况下，其他各节点的概率变化，如图 2-6 所示。

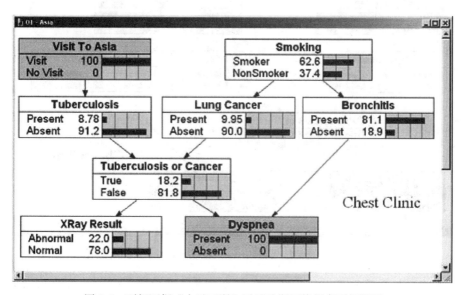

图 2-6　更新证据"去过亚洲"后贝叶斯网络概率更新情况

若判断是否需要通过 X 光检测做进一步确定，考虑到两种可能结果"Normal"和"Abnormal"，会对肺病诊断造成何种概率改变，可以分别调整节点

"X-Ray Result"，得到图 2-7、图 2-8。

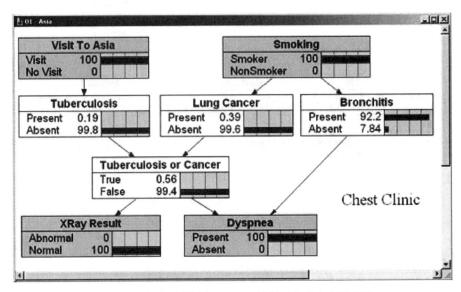

图 2-7　X 光检测结果为 Normal 情况下各节点的概率值

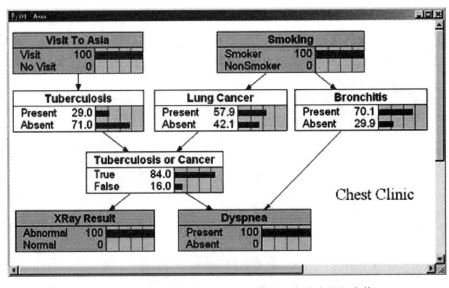

图 2-8　X 光检测结果为 Abnormal 情况下各节点的概率值

通过比较，可以看到有必要进行 X 光检测。同时，还给出了若检测结果正常，可以几乎确定患者患病为支气管炎，排除肺炎或肺癌的可能；但若是结果不正常，虽然患者患支气管炎的概率依然很大（70.1%），但得肺炎或肺癌的概率更大（84%），其中肺癌的概率超过了一半。可以结合实际医疗技术情况，决定是否对病人做进一步的医疗检查。

2.2.3　贝叶斯网络的学习

通过对已有数据的分析，根据数据自身特点构建一个结构、节点概率分布相对合理、运行效率较高的贝叶斯网络。贝叶斯网络建模的主要任务是，利用已知节点构建贝叶斯网络结构，同时，确定网络结构中节点的条件概率分布。

具体来说，需要采取如下两种方式。

（1）网络结构已知情形

根据专家先验知识确定节点之间的关系，构建贝叶斯网络，并给出节点相应的条件概率分布。

设需要学习的数据形式为：

$$D = \begin{bmatrix} X_1[1] & \cdots & X_n[1] \\ \vdots & & \vdots \\ X_1[m] & \cdots & X_n[m] \end{bmatrix} \tag{2-8}$$

其中，n 为节点数，m 为数据完整记录的个数，对于具有父子关系的子节点条件概率，可用相应的频率作为其概率估计。若概率参数服从正态分布，这样的估计还是概率的最大似然估计。

对于网络结构已知的问题，确定贝叶斯网络的条件概率分布，就是确定关于 $P(X_i \mid Pa_i)$ 参数族中的参数选择问题，通过历史数据，对网络进行参数学习；对于网络结构未知的问题，网络需要确定变量之间的概率依存关系（BN 的边），同时，估计相应参数。通过机器学习算法的目的，就是使网络生成数据与样本数据"最大概率地接近"。

（2）网络结构未知情形

根据已有数据资料，通过机器学习算法确定贝叶斯网络结构，同时估计网络中各个节点的概率分布。机器学习算法根据构建对象不同，可以分为两部分：网络结构学习算法和节点参数学习算法。

结构学习的好处是，可以大大减少由于决策者主观导致的偏见和忽略，从而发现要研究问题的结构特征，事件发生的逻辑顺序，以及彼此之间的关系；确定不相关性，从而进行快速推理；预测行动的效果；通过变量因果关系的学习，选择关键行动，并对行动效果进行定性预估。这对突发事件的应急管理具有重要意义。

网络结构学习的必要性，可用图 2-9 示意。

在图 2-9 中，如果错误地增加了一条边，一方面增加了要估计的参数的数量，另一方面误导了事件的概率依赖关系；反之，若错误地缺失了一条边，一方面不能保证网络预测的准确性，同时也会丢失事件之间必要的概率因果关系。

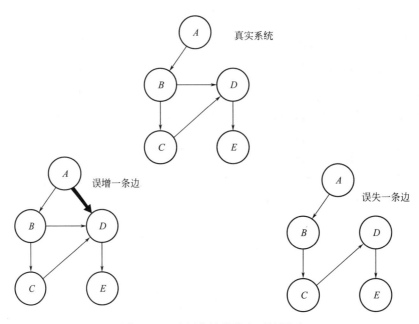

图 2-9 正确网络结构的必要性图示

网络结构学习的原理是，对变量之间进行条件独立性检验，若存在彼此变量独立，则两个节点之间无边关联，否则，则有一条边关联。因此，确定合适的贝叶斯网络结构的关键在于寻求一个网络，使得观测的变量间的独立性和非独立性与网络结构一致，同时要保证网络结构是一个无环图。

结合具体实际，并结合专家领域知识，可将结构已知情形和结构未知情形进行整合，减少机器学习的强度，又可以充分利用专家经验知识。此外，还可以采用启发式搜索方法，确定合适的网络结构[2,3]。

2.3 贝叶斯网络在村镇突发事件应急中的应用分析

2.3.1 村镇突发事件应急分析引入贝叶斯网络的意义

贝叶斯网络在实际中得到了广泛的应用[3]。首先，贝叶斯网络与决策论或效用理论结合，可用于风险决策分析。其次，针对村镇灾害应急管理问题，可以结合重要基础设施，通过可搜集到的信息，对其可靠性进行判别，对其脆弱性进行诊断，同时对关键点给出监测建议。由于贝叶斯网络天然地表示若干随机事件的概率因果关系，通过外界、环境变化的新证据敏感性分析，可以对灾情情景分析或推演，丰富决策者对可能发生灾害的认识，进而给出相应对策。

将贝叶斯网络分析方法和 AI 技术相结合，通过基于贝叶斯网络的 AI 系统，预测灾害可能发生结果及概率估计,可为村镇灾害的应急预案给出量化分析依据。根据环境场景分析,确定系统处于不正常或危机状态时,如何发出预警信息,实现对村镇灾害预警的智能化。

目前,我国应急管理的体系建设强调"一案三制",即拥有完备可行的应急预案,建立健全应急的体制、机制和法制。虽然应急体系建设已经取得了很大成绩,但还存在一些问题。以应急预案建设为例,具体有针对性的应急预案编制还存在不小提升空间。一些应急预案的对策相对偏于经验居多,缺乏量化分析技术。特别是在村镇级别的应急预案编制方面,《国务院办公厅关于印发国家突发事件应急体系建设"十三五"规划的通知》,对若干细节问题作出了详细规定,同时对科学化、信息化和智能化应急体制建设提出了新要求,对基层应急能力提升建设提出了新要求。

与发达城市地区相比,我国村镇突发事件应急的软硬件水平还存在不小差距,往往存在数据不完全、信息不对称情况。灾害往往呈现一定的脆弱性。首先,灾害应急基础设施建设较弱。由于村镇级别的经济发展水平与大城市相比相对较差,因此应对自然灾害的基础设施建设硬件水平低,相应的人群素质、灾害应急人员水平、应急设施完备等方面存在一定差距。其次,一些大型危险品基础设施,如油库、易燃易爆品的生产与存储,往往设置在村镇区域,而且,村镇往往处于自然相对原生态地区,如山林区域、河海滩涂区域。一方面突发灾害发生的概率变大,另一方面,灾害的损失也会加大。而且,随着村镇城市经济、随着一体化趋势日益明显,村镇灾害对城市也会产生不小的辐射影响。因此,提升村镇区域灾害或突发事件的应对能力具有重要意义。

将贝叶斯网络分析技术在村镇一级应急体系相关建设中,用于灾害应急事故情景推演分析,分析方法上具有可行性。另一方面,贝叶斯网络模型分析的"灾情情景推演实验室",不仅可以减少"轻预防、重消除"的常规防灾减灾误区,也减少了一些不必要的灾害演练及破坏性实验的成本。

2.3.2　应用案例1——非常规突发灾害事故情景推演分析

随着经济社会的飞速发展,非常规突发灾害事故带来的灾害可能造成的损失变得越来越大,灾害事故之间的关联性和依赖性变得复杂。因此,依据灾害事故当前的状态,对非常规突发灾害事故的演变路径及未来的发展趋势进行合理分析推理的研究就显得尤为重要。但实际中多数相关分析还停留在定性描述阶段,缺乏量化分析方法。

非常规突发灾害事故演变过程存在4个要素,分别为情景状态(用S表示)、处置目标(用T表示)、处置措施(用M表示)和灾害事故的自身演变(用E表示)。如图2-10所示。

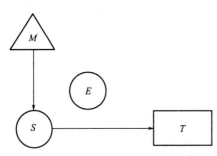

图 2-10 灾害事故情景要素之间的关系

非常规突发灾害事故在演变过程中存在多个关键情景，针对每个关键情景，应急指挥决策主体都会有不同的处置目标和处置措施。因此，当非常规突发灾害事故的情景按照处置措施达到处置目标时，灾害事故就以应急指挥决策主体的期望演变到下一时刻的情景，如果继续被合理解决，就会继续以应急指挥决策主体的期望进行演变，直至灾害事故消失；当灾害事故的情景没有按照处置措施达到相应的处置目标时，灾害事故就会朝着违背应急指挥决策主体意图的方向演变，直到灾害事故被完全合理解决或灾害事故自然消失。

非常规突发灾害事故情景演变路径示意，见图 2-11。

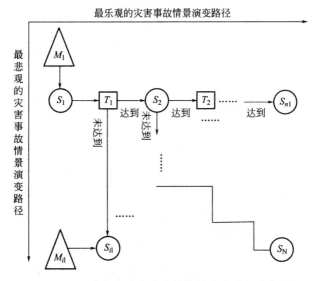

图 2-11 非常规突发灾害事故情景演变路径示意图

离散动态贝叶斯网络是将贝叶斯网络看成是随时间而变化的一个量。若考虑离散化时间，则动态贝叶斯网络可以记为 $BN(1)$，$\cdots$，$BN(t)$，$\cdots$，形成贝叶斯网络序列。如图 2-12 所示。

图 2-12（b）中，记 t 时刻的网络描述为 $X_t = \{C_t, M_t, O_t\}$，按照图示的有向图方式，变量集 X_t 的联合概率分布可用式（2-9）表示。

$$P(X_t) = P(C_t)P(M_t|C_t)P(O_t|C_t, M_t) \tag{2-9}$$

文献［4］以某区域油库爆炸火灾事故为例，进行了动态贝叶斯网络应用灾

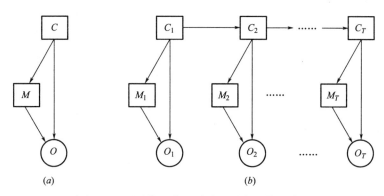

图 2-12　贝叶斯网络和动态贝叶斯网络示意图

（a）贝叶斯网络；（b）动态贝叶斯网络

情情景演变的实证分析。油库中油罐容积大，燃烧范围广，涉及人员多，属于典型的非常规突发灾害事故。

结合专家研究，对备选变量进行打分，并按照悲观主义决策原则（最大最小决策准则）进行筛选。最终，将此次事故的演变路径确定为 10 个情景状态、6 个处置措施和 6 个处置目标，如表 2-2 所示。

某区域油库爆炸火灾事故情景要素分析表　　　　表 2-2

情景状态 S	处置目标 T	处置措施 M
输油管道起火 S_1	管道泄漏被制止 T_1	关阀断料 M_1
地面流淌火 S_2	流淌火被扑灭 T_2	利用泡沫炮、枪堵截流淌火 M_2
事故消失 S_3		
威胁毗邻油罐 S_4	降低热辐射 T_3	利用泡沫炮、枪冷却毗邻油罐 M_3
事故消失 S_5		
油罐爆炸起火 S_6	油罐被冷却 T_4	冷却着火罐 M_4
火势稳定 S_7	火势被扑灭 T_5	利用泡沫炮、枪扑灭油罐火 M_5
事故消失 S_8		
原油泄漏，污染海域 S_9	原油泄漏被隔离控制 T_6	利用泡沫炮、围油栏堵截 M_6
事故消失 S_{10}		

将表 2-2 的要素进行关联分析，得到类似图 2-11 的事故情景演变路径。通过对各节点的条件概率设定，并借助于 Netica 软件分析（过程略），得出结果如下。

（1）此次事故发生概率最大的为输油管线爆炸起火，T103 罐爆炸起火以及原油泄漏、污染海域这几个情景，它们发生的概率分别为 90.2%，84.1%，80.3%。实际的事故也是按照此情景状态随时间的推移出现。

（2）对每一个事故的关键情景，都会有不同的处置措施和处置目标，这些具有针对性的处置措施是应急指挥决策主体为减少事故造成重大人员伤亡和财产损失的必然行为；采取不同的处置措施，灾害事故情景发展及演变的路径不同。

（3）好的处置措施和处置目标不仅可以延缓事故朝恶化方向演变，为应急响应争取时间，还在一定程度上减少事故造成的损失。

2.3.3　应用案例2——危险化学品仓库火灾爆炸事故分析

贝叶斯网络具有处理不完全信息、综合专家知识和客观数据能力的特征，且能揭示事件因果关系，为灾害分析提供了有力的量化工具。但对于实际灾害的分析，为使模型具有足够的表现力，需要足够多的节点数量表述各因素之间的概率关系。但如何确定合理的概率因果关系，即贝叶斯网络结构，又是一个复杂的问题。如果采用机器学习方法，一方面随着节点数量的增加算法复杂性呈指数增长，另一方面，也需要足够的数据支撑。但由于重大灾害事件本身属于小概率事件，因此数据样本数量不可能很大，这在一定程度上制约了贝叶斯网络的进一步应用。

通过事故树分析事故原因，在此基础上构建贝叶斯网络，在一定程度上可以回避构建贝叶斯网络结构复杂性问题。

事故树分析法（Fault Tree Analysis）运用演绎法逐级分析，寻找导致某种故障事故的各种可能原因，直到找到最基本原因。事故树将不希望发生的重大风险作为顶上事件，顶上事件由多个中间事件组成，中间事件由多个基本事件组成，形成一个有向树形图，求事故树的最小割集或最小径集，算出每个基本事件的结构重要度，将基本事件的结构重要度进行排序，依据轻重缓急采取有效措施[5]。

通过对危险化学品仓库的事故树分析，绘制了事故树，据此，确定了可能发生火灾的相应因素，如表2-3所示[5]。

影响危险化学品仓库火灾爆炸的因素表　　　　　　　　　　表2-3

符号	含义	符号	含义
T	火灾爆炸事故	M_5	电火花
A_1	危险化学品泄漏	B_1	人体静电
A_2	点火源	B_2	漏电
M_1	明火	B_3	接触不良
M_2	静电火花	B_4	短路
M_3	雷击火花	X_1	未及时发现
M_4	撞击火花	X_2	发现后不及时处理

续表

符号	含义	符号	含义
X_3	吸烟	X_{12}	穿带钉子鞋子
X_4	违章明火作业	X_{13}	未及时检查线路
X_5	恶意纵火	X_{14}	绝缘体脱落
X_6	罐体静电	X_{15}	违反电气安装规定
X_7	人未穿防静电服	X_{16}	开关频繁使用未检修
X_8	与导体接触	X_{17}	线路老化
X_9	未安装避雷设施	X_{18}	导线不符合环境要求
X_{10}	避雷设施故障	X_{19}	过载
X_{11}	使用铁制工具敲击		

根据事件树，绘制贝叶斯网络模型，如图 2-13 所示。

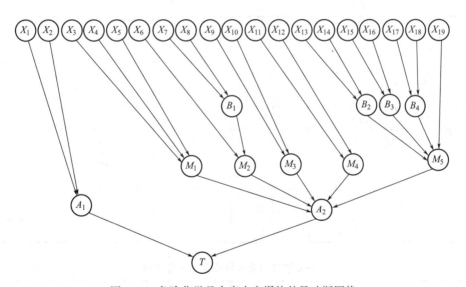

图 2-13　危险化学品仓库火灾爆炸的贝叶斯网络

收集、整理某一地区 1995～2016 年危险化学品仓库发生事故的资料，如表 2-4 所示。

通过表 2-4 可以计算出每小时基本事件出现的概率，把这些概率看作先验概率。通过贝叶斯网络分析（可利用相关专业软件），可得出基本事件的后验概率、中间事件的边际分布即后验概率，如表 2-5 和表 2-6 所示。同时，得到发生火灾爆炸的概率为 8.933×10^{-4}。

事件发生次数　　　　　　　　　　　　　表 2-4

基本事件	发生次数	基本事件	发生次数
X_1	35	X_{11}	25
X_2	33	X_{12}	11
X_3	18	X_{13}	16
X_4	32	X_{14}	21
X_5	22	X_{15}	27
X_6	26	X_{16}	9
X_7	5	X_{17}	29
X_8	3	X_{18}	20
X_9	7	X_{19}	30
X_{10}	23		

基本事件的先验概率及后验概率表　　　　　　表 2-5

基本事件	先验概率	后验概率	基本事件	先验概率	后验概率
X_1	2.48×10^{-4}	2.65×10^{-1}	X_{11}	1.49×10^{-5}	1.57×10^{-2}
X_2	2.14×10^{-5}	2.24×10^{-2}	X_{12}	2.69×10^{-4}	2.99×10^{-4}
X_3	1.36×10^{-6}	1.37×10^{-3}	X_{13}	3.52×10^{-5}	3.28×10^{-4}
X_4	2.15×10^{-5}	2.11×10^{-2}	X_{14}	5.18×10^{-4}	5.44×10^{-3}
X_5	1.29×10^{-5}	1.33×10^{-2}	X_{15}	1.39×10^{-4}	1.76×10^{-2}
X_6	1.56×10^{-4}	1.62×10^{-2}	X_{16}	2.43×10^{-5}	2.77×10^{-4}
X_7	5.03×10^{-5}	5.47×10^{-6}	X_{17}	2.03×10^{-4}	2.02×10^{-2}
X_8	1.25×10^{-6}	1.96×10^{-7}	X_{18}	1.43×10^{-5}	1.53×10^{-3}
X_9	1.19×10^{-5}	1.53×10^{-5}	X_{19}	2.15×10^{-5}	2.06×10^{-2}
X_{10}	2.33×10^{-5}	1.54×10^{-2}			

中间事件的先验概率及后验概率表　　　　　　表 2-6

中间事件	先验概率	后验概率	中间事件	先验概率	后验概率
A_1	7.02×10^{-4}	0.97	M_5	2.99×10^{-4}	0.36
A_2	6.95×10^{-5}	0.38	B_1	6.05×10^{-4}	0.56
M_1	6.33×10^{-4}	0.27	B_2	3.78×10^{-4}	0.45
M_2	2.99×10^{-4}	1.34×10^{-3}	B_3	1.97×10^{-4}	0.15
M_3	1.68×10^{-4}	0.33	B_4	4.15×10^{-5}	2.98×10^{-5}
M_4	1.77×10^{-4}	0.26			

根据表 2-5，基本事件对事故发生影响程度按照从大到小排序为 X_1，X_2，X_4，X_{19}，X_{17}，X_{15}，X_6，X_{11}，X_{10}，X_5，X_{14}，X_{18}，X_3，X_{13}，X_{12}，X_{16}，X_9，X_7，X_8。可见，事故发生的主要原因是"作业人员未及时发现"、"发现后未及时处理"及"违章明火作业"等。由表 2-6 看出，中间事件对事故发生影响程度按照由大到小排序依次是 A_1，B_1，B_2，A_2，M_5，M_3，M_1，M_4，B_3，M_2，B_4。说明危险品泄漏对事故影响最大，其次是人体静电荷漏电等。这为应急预案制定给出了量化分析依据。

参考文献

［1］ Lauritzen，Steffen L. and David J. Spiegelhalter（1988）"Local computations with probabilities on graphical structures and their application to expert systems" in Journal Royal Statistics Society B，50（2），157-194.

［2］ P. A. Aguilera，A. Fernández，R. Fernández，R. Rumí，A. Salmerón. Bayesian networks in environmental modelling. Environmental Modelling & Software 26（2011）：1376-1388.

［3］ Kevin B. Korb，Ann E. Nicholson. Bayesian Artificial Intelligence. CRC Press Company，2005.

［4］ 夏登友，钱新明，段在鹏. 基于动态贝叶斯网络的非常规突发灾害事故情景推演. 东北大学学报（自然科学版），2015，36（6）：897-902.

［5］ 陈雪，李德顺，韩恩慧. 危险化学品仓库火灾爆炸事故贝叶斯网络研究. 沈阳理工大学学报，2017，36（3）：106-110.

第3章 基于神经网络的村镇灾害应急预案评价

3.1 村镇灾害应急预案现状

3.1.1 村镇灾害应急现状调查及分析

1.调查问卷介绍

为了深入了解村镇区域应急救灾现状，避免理论与实际的脱节，避免指标收集过程中可能发生的缺失、遗漏、错误，本次研究在深圳市土洋社区进行了细致的实地考察和深入的问卷调查。问卷内容详见附录1。

问卷内容的设计包含以下两部分：

(1) 被调查者相关情况。因为被调查者的性别、知识水平、财产情况等往往会影响被调查者的认知和直观感受，进而影响调查的结果，所以在问卷过程中必须考虑相关的影响因素。本部分内容包含9个问题项，涵盖了与应急救灾相关的、对应急救灾影响较大的几个因素：被调查者的性别、年龄，在调查地生活/工作的年限，被调查者的教育程度，被调查者的职业，被调查者家庭年收入，被调查者家中人口数量和性别比例，被调查者家庭中年龄的极端值，被调查者家庭是否有行动不便者。

(2) 被调查者灾害应急响应情况。结合土洋社区当地情况，并在咨询被调查者当地的政府相关工作人员之后，拟出了该部分问卷内容。本部分问题涉及面比较广，共计20个小问题。

本次调查问卷共发出200多份，回收171份。问卷委托当地幼儿园发放至幼儿家长手中填写后回收。

2.调查问卷结果统计分析

(1) 在问题项"您是否有过灾害经历"下，共回收问卷164份，其中3份该项空缺。回答有过灾害经历的人数为33人，占总样本数的20.1%。而回答没有过灾害经历的有138人，占84.1%，占比约为五分之四。

　　实际上，经历过灾害的人占总人群的百分比可能比该样本调查结果要低。因为在实地考察时对当地人的访谈中，我们发现了一个现象：被调查地经常有台风发生，而被调查者则经常会有这样的疑问——台风到底算不算灾害？假如每年都有的小台风不算，多大的台风才算灾害？这种主观上对灾害认知的不确定性，导致了一些被调查者认为台风都是灾害，从而在回答问卷时选择了确定性选项，最终造成了调查中选择经历过灾害的人数比例偏高。

　　实际中，可能经历过灾害的人数占比是较低的。这就对村镇区域应急预案中的内容提出了要求：经历过灾害的经验（或者有着充分的演练知识）有助于人员自身逃生并带领周围人员合理逃生。由于经历过灾害人数毕竟只占少数甚至极少数，所以，加强演练和培训则成为弥补灾害经验不足的良方之一。

　　出于该考虑，问卷才决定调查经历过灾害的人群的比例情况。并且该调查结果将影响部分指标的权重。

　　（2）居民在该地居住年限统计分析：共得到 127 个有效答案，其中居住 6 年及以下的居民占比为 45.67％，接近当地居民的一半。占比近一半的非本地原住民会给应急救援带来巨大压力，也会对应急预案的质量提出更高的要求。在应急预案评价中，应当考虑到接近一半的非原住民的应急需求。

　　频数分布如图 3-1 所示。

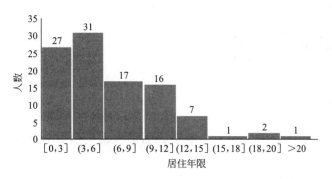

图 3-1　被调查地居民居住年限频数分布直方图

　　（3）被调查者受教育程度统计分析：共计收到有效答案 166 份。其中，初中毕业、高中毕业、大学毕业、研究生毕业的被调查者分别为 44 人、83 人、39 人、0 人。受教育程度能够在多大程度上影响应急救援和应急预案，目前还没有定论和完善的研究，但几乎所有研究都强调了受教育程度是影响应急救援和应急预案的重要因素。从统计结果来看，本村居民的受教育程度并不高，这种情况将要求更加易读和完善的应急预案。本次研究将充分考虑对应急预案的易读性和完善性进行评价。

　　被调查者受教育程度分布饼状图如图 3-2 所示。

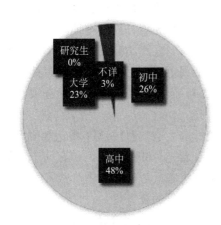

图 3-2　被调查者受教育
程度分布饼状图

被调查群体受教育程度集中于高中和初中水平，收入普遍较低。这符合对村镇区域的人员情况的认知。相应的，后面的调查显示的房屋保险率低则不出意料。

（4）研究事前预估的当地的主要灾种应该为台风、滑坡，调查统计显示的结果符合预期。但令人意外的是，调查显示火灾居然也是主要的灾害之一（被调查的地方沿海，空气湿润且降雨充沛）。

（5）在灾情传播渠道里，主流媒体电视位居第一。但由于现在电信基础设施遍布城乡、便捷迅速以及几乎人手一部的智能手机，网络渠道成为第二大灾情信息来源渠道（两者都占比超过了 50%）。

（6）在对应急救灾的准备方面，被调查者对灾害的关注度普遍较高，多数被调查者还是比较熟悉逃生路线的，但绝大多数的被调查者都没有应急物资储备的概念。被调查群体提的最多的需求并且也是最缺的应急救灾准备方式依然是因地制宜的相关演练。

3.1.2　村镇灾害应急预案现状

1. 现有村镇区域应急预案归类

学术界尚未有对村镇区域已有应急预案进行分类的文献。本书在大量搜集整理并研究我国应急预案的现状后，将我国目前（截止到 2016 年）已有的村镇应急预案归类如下：

（1）应急预案缺失

应急预案的缺失是我国村镇区域应急预案建设中最为普遍的一种情况。

此类情况多发生于经济发展处于地区较低水平的村镇：经济水平上，该类村镇经济总量不足，没有形成有规模、有效益的工业，经济收入多以劳动力输出和农业收入为主；人口结构上，居住人口以老人和留守儿童居多，大多数青壮年劳动力选择外出务工；地理位置上，从南到北皆有，但以越往西和往北，缺失的情况越严重。此类村镇没有自己的官方主页，也没有合适的信息发布渠道。其村委会既没有编写应急预案的意识，也缺乏必要的人力和资源来组织编写。居于其中的村镇居民亦无暇关注所在居住区的应急救灾建设。

（2）只存在专项应急预案

此处所指的专项应急预案，是指村镇区域为了应对具体的事故和灾害（例如工业品泄漏、煤矿瓦斯爆炸等，不包括恐怖行为等人为灾害）而制定的具有明确程序和具体流程的应急预案。专项应急预案属于村镇应急预案体系的一部分。一个完整的应急预案体系应包括综合应急预案、专项应急预案以及必要的附录。

此类情况多存在于以下两类村镇中：存在工业或者旅游业的村镇；有灾害历史或者位于灾害易发区的村镇。前者的工业发展一方面产生了应急救灾的需求，另一方面带动了村镇的经济发展，使得村镇有余力去组织编写和实施应急预案。后者的动机也可能并不单一，一来是为了保护外地游客，进而保护本地区的产业信誉，二来或多或少是出于伦理上的对外来者的友好和本地区"有面子"的需要。

（3）存在突发事件应急预案

突发事件应急预案属于专项应急预案的一部分。但本次研究发现一个非常出人意料的情况：某些村镇即使综合应急预案缺失、专项应急预案缺失，也会制定突发事件应急预案，且制定突发事件应急预案的村镇数量占整个存在应急预案村镇总数的百分比较大。所以在本文中，对突发事件应急预案和专项应急预案作了区分。其区别在于：专项应急预案应对的事故和灾害多由于自然或者生产引起，例如针对瓦斯的煤矿专项应急预案、针对工厂操作失误引起的工业事故专项应急预案等；而突发事件应急预案则专指具有暴恐倾向的人为的紧急情况，例如针对歹徒袭击、恐怖分子等事件的应急预案。这类事件往往危害严重，性质恶劣，社会影响深远，且一旦发生几乎不可挽回。因此，部分偏远民族聚居或民族接壤村镇区域，以及部分外来人口较多、人口比较密集、存在学校等脆弱目标，及存在易燃易爆等危险品的村镇，制定有该项应急预案。

（4）存在一项综合应急预案

此类情况比上面三种情况要少，内容多大同小异，虽符合一定的规范和模板，但是其内容则比较单一化、模式化，缺乏具体情景下应急预案应该具备的具体性和针对性。本次研究中使用的样本和案例皆属于此类。

2.村镇区域应急预案存在形式化倾向

应急预案的形式化倾向是指以下几个方面：

（1）应急预案内容的形式化倾向

应急预案的编写应该遵循一定的规范，甚至可以借鉴现有的优秀应急预案作为模板。但借鉴的同时不能抛弃应急预案编制的最终目的——更好地保护村镇居民的生命财产安全。有效的、良好的应急预案应该是有针对性的、具体情况具体对待的，而非不考虑地形地貌、水文风向、本村居民人口特点等自身情况进行的大而"模糊"的编写。

（2）应急预案执行的形式化倾向

现阶段的大部分村镇区域的应急预案只存在于文件中。应急预案中规定的应急演练等往往只存在于当地的小学校中，并未被很好地执行。虽然受制于各种主客观条件限制，无法或者难以完成应急预案演练，但即便做不到应急演练，至少也应该确保本区居民对相关情况的了解和熟悉。另一种执行的形式化是指应急预案编写的形式化：行政命令下的预案编写被当作任务来完成，甚至随手找到一篇，拿来改改就加以使用。

形式化的倾向有以下几个原因：

（1）应急预案编写中上级政府所起的作用

暂不讨论应急预案的质量问题，就一个村镇有没有应急预案而言，则很大程度上取决于上级政府是否有下达编写的命令和相应的规范。

并且，某些村镇由于无力制定自己的应急预案，转而请求上级政府代为编写。

上级政府对应急预案的编写采用行政命令，而且由于其编写命令的行政属性，也会促使编写人员偏离编写的目的和编写的客观性，会使编写人员放弃一些实用性和真实的想法，转而迎合上级意图、力求无过，从而导致应急预案质量的降低。

（2）编写人员缺乏完善良好的应急救灾教育且容易受到上级政府压力等外部影响

村镇区域应急预案的编写者一般为村委会成员等基层人员，该类人员熟知本地人口情况、易发灾害、地理水文等与灾害相关的情况，但其多数未接受过高等教育、绝大多数未系统地了解或者学习过应急救灾相关的专业知识，导致其在编写过程中容易出现遗漏、词不达意等错误，甚至在一些关键点上出现诸如主次不分、前后不符等情况。

在编写过程中，预案编写人员也会受到外部环境的影响。以上级政府对编写人员的影响来说，应急预案编写人员不仅仅是需要将自己了解的实际情况、自己成熟的想法和观点写入应急预案，而且需要满足一定的应急预案编写要求。由于编写人员被预案编写的条条框框所限制，加之其基础教育水平较低导致的表达无力，编写人员很容易放弃表达自己认为合理的想法，改为借鉴已有的应急预案并进行拼凑，努力完成"任务"，以求万无一失、中规中矩。

3. 应急预案落后于改革开放

我国的改革开放始于 1978 年，之后我国的经济发展速度一直位居世界前列。目前，经过 40 余年的发展，我国的国民生产总值已经位居全球第二，人民生活水平也一直在稳步上升，对生命安全和财产安全的需求越来越迫切。

而与之相对应的现实是我国落后的应急救灾现状和应急预案体系：我国国家级的应急救灾专门机构民政部国家减灾办公室成立于 2005 年；对村镇区域应急预案相关的规定直到 2011 年才出现；除了个别经济发展比较好的村镇存在部分专项应急预案、部分村镇存在综合应急预案之外，全国大多数的村镇没有属于自己的应急预案。此时距我国改革开放已 30 年有余。

究其原因是，我国同发达国家相比较，发达国家普遍具有漫长的经济发展历史，由此能够为国家的应急救灾体系带来充足的发育时间；而我国由于起步晚，留给应急救灾的发展时间不够充分，加之我国经济发展的速度远远超过应急救灾相关研究和实践的发展速度，因此，我国的应急预案发展才没有充足的发育时间去跟上经济发展的脚步。

3.2　村镇灾害应急预案评价概念界定

3.2.1　相关概念阐述

1.村镇区域

本次研究中村镇区域的界定范围是：无论从行政还是地理位置都隶属于县的基层行政单位。将研究范围定为村镇区域，是本次研究与之前研究存在很大不同的地方。

村镇的概念是相对于城市来讲的。城市，也叫城市聚落，是以非农业产业和非农业人口集聚形成的较大居民点。人口较稠密的地区称为城市，一般包括了住宅区、工业区和商业区并且具备行政管辖功能。城市的行政管辖功能可能涉及较其本身更广泛的区域，其中有居民区、街道、医院、学校、公共绿地、写字楼、商业卖场、广场、公园等公共设施。

乡村，针对城市来说，是指以从事农业为主要生活来源、人口较分散的地方。《辞源》一书中，乡村被解释为主要从事农业、人口分布较城镇分散的地方。以美国学者 R. D. 罗德菲尔德为代表的部分外国学者指出："乡村是人口稀少、比较隔绝、以农业生产为主要经济基础、人们生活基本相似，而与社会其他部分，特别是城市有所不同的地方"。根据乡村是否具有行政含义，可分为自然村和行政村。自然村是村落实体，行政村是行政实体。一个大自然村可设几个行政村，一个行政村也可以包含几个小自然村。本书中所指的村，如无特殊说明，皆指行政意义上的村。我国的宪法中无行政村的说法，但根据《中华人民共和国村民委员会组织法》，村实际上作为村民自治组织而存在[1]。

镇是指经省、自治区、直辖市批准的镇，县和县级市以下的行政区划基层单位，与乡同级，都属于乡科级。1963年以前为常住人口在2000人以上，非农业人口占50%以上的。1964年起改为常住人口在3000人以上，非农业人口占70%以上，或常住人口在2500人以上，不满3000人，非农业人口占85%以上的。1984年后又调整为，凡县级地方国家机关所在地；或总人口在20000人以上的乡，乡政府驻地非农业人口超过2000人的；或总人口在20000人以上的乡，乡政府驻地非农业人口占全乡人口10%以上；或少数民族地区、人口稀少的边远地区、山区和小型工矿区、小港口、风景旅游、边境口岸等地，非农业人口虽不足2000人，确有必要，都可建镇。1958~1978年期间镇改为人民公社，1982年后又陆续改称为乡或镇。镇和乡的区别在于，镇的人口规模大，经济发展较好。同级的行政区划单位名称有乡、街道，区公所等。

镇和乡的区别在于，镇的区域面积及人口规模大，经济发展较好，以非农业人口为主，并有一定的工业区域。通常一个镇下设若干个居委会和若干个村委会，人口在2万人以上，区域面积一般在300km^{2}以上。乡是以农业为主，镇是农业和工业都有。

和城市相比，村镇区域的特点是存在广泛的第一产业生产活动。无论何时，村镇区域都存在一定总量的第一产业。虽然近些年村镇区域也有第二产业、第三产业，但其第一产业却并未因此而消亡。

伴随着改革开放的进程，我国的村镇区域也出现了诸如农村剩余劳动力转移、留守妇女儿童老人增多等独特的、有着鲜明时代特征的新现象、新特点。

2. 应急预案体系

完整的村镇应急预案体系应该包括综合应急预案、专项应急预案以及必要的附录。其中，综合应急预案属于必备（但实际情况不是这样），而专项应急预案则根据各村镇各自的易发灾害和紧急情况进行制定。

我国应急预案的体系层次分为国家级、省级、市级、县级、街道级、具体单位级[2]。村镇区域的应急预案，应为街道级。

3. 综合应急预案

综合应急预案是用来应对和处置村镇面临的所有危机情况、所有危机侧面和所有危机环节的应急预案。综合应急预案是村镇的全局性应急预案。综合应急预案虽然普适性强，但针对性不足。对于重要事件、重要环节和重要侧面，一般要有其他专项应急预案的辅助，以提高针对性[3]。

本文中的综合应急预案是指村镇区域为了应对紧急情况而总的非专项的、综合性的应急预案。其内容并不只针对一种类型的灾害，而是确立村镇整体应急救灾的原则，确保应急救援的整体效果。

4.专项应急预案

专项应急预案是针对某一个（一次）、某一种、某一类危机事件或者危机事件某一重要环节、重要侧面的应急预案。专项应急预案也是社会实体的全局性应急预案[3]。

本文中的专项应急预案是指村镇区域为了应对具体的事故和灾害（例如工业品泄漏、煤矿瓦斯爆炸等，不包括恐怖行为等人为灾害）而制定的具有明确程序和具体流程的应急预案。专项应急预案属于村镇应急预案体系的一部分。

5.应急预案生命周期

张小兵[4] 等研究者，将应急预案视为一种公共产品，从产品周期理论出发，建立了应急预案生命周期管理框架。

本文将村镇区域应急预案的生命周期分为编写阶段、评价阶段、内部公示阶段、发布实施阶段、修订阶段五个阶段。这五个阶段共同组成了应急预案的生命周期，它们之间的关系如图 3-3 所示。

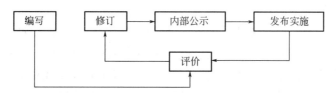

图 3-3 应急预案生命周期五个阶段相互作用关系

3.2.2 村镇灾害应急预案评价的内涵

评价村镇区域应急预案是为了更好地制定、修改村镇区域应急预案，达到更好的应急救灾水平，更有力地保护村镇区域居民的生命财产安全。参照目前研究领域对其他应急预案评价的定义和概念，阐述对应急预案评价的理解。可以认为村镇区域应急预案的评价就是政府或村镇自治组织为了应对潜在的紧急情况和灾害，制定的本辖区范围内施行的村镇区域应急预案，最终是否能够达到预防灾害、灾害来临时最大限度减轻灾害的目的。应急预案的文本本身是本次评价的范围，而村镇区域应急预案能够达到的效果则是本次应急预案评价的内容。

而应急预案能够达到的效果，则可以从以下几个方面来理解：①应急组织、规定。应急组织、规定能否符合实际，清楚认识到本地的灾害情况，是否有合理的应急组织设计，应急责任的规定是否清晰到位。②应急准备。应急保障措施是否充足，是否有关于应急物资的规定，应急方案的编写是否科学完善，应急预案是否容易被广大居民所理解（现实中村镇居民受教育程度较低的情况有没有被充分考虑到），有没有应急救援相关知识的宣传和培训，有没有规定应急预案的演练。③预警。紧急情况发生时的预警系统是如何工作的，是否有完整的流程和专职的人员负责，信息的传递是否能够做到及时、准确、没有失误。④应急响应。是否能及时做好伤员的抢救，是否能及时疏散灾民。⑤后期处置。有没有对相关人员的奖惩措施，是否会吸取发生的灾害经验，充实本地区的应急预案。

3.2.3　村镇灾害应急预案评价的定义

应急预案从制定到发布，再到修订，是一个闭合的过程，应急预案的评价可以看作是应急预案整个生命历程的开始，也可以看作是应急预案周期的最后一环，具体如图 3-3 所示。预案评价是整个应急预案生命周期中重要的一环，预案评价的意识应当贯穿整个预案生命周期的始终，不能把它看作一个一次性的、独立在外的环节，而应该将预案评价的思想融入各个环节。

预案评价是对应急预案科学性的评价，通过对预案的评价可以发现应急预案的编写中存在的问题，获取实际实施和执行过程中得到的反馈，从而采取修订措施，及时纠正。相当于对应急预案编写和修订的一种考核，对预案编写和执行过程的一种结果导向型监管。

预案的评价是一项系统性的工程，需要在整个应急预案的生命周期中引入强有力的评价机制，需要建立健全能有效约束各方面的监管机制，在预案的编写、预案的内部公示、预案的发布实施、预案的修订各个阶段中互相配合，以达到应急预案的最优。建议管理部门委托或增设一个独立的机构管理和实施应急预案的评价，并将评价结果反馈至修订部门（编写部门），使应急预案达到最优。

应急预案的评价既是一种科学研究活动，也是一种管理实践活动。

3.3　村镇灾害应急预案评价模型建立

3.3.1　评价指标体系

1. 评价指标体系的识别

（1）评价指标识别原则

首先，对于建立应急指标的目的进行了探讨：由于本次研究旨在建立基于神经网络的应急预案评价模型，因此需要一定数量的样本。但是以往的研究没有涉及村镇区域的应急预案，因此，主要的样本必须由自己来获得。为了获得建立模型所需的样本，就必须有一套适用于村镇区域的应急预案评价指标。

本次研究选取村镇区域应急预案评价指标尽可能遵循以下原则：

1）全面性与典型性平衡的原则

应急预案的评价指标要尽可能考虑各种类型的灾害所产生的后果、各种类型的应急预案所采取的各种方案和解决办法的有效性、不同地域的特殊情况等；与此同时，应该着重强调本次研究对象——东南沿海村镇区域——的典型特征。

2）实用性与理论性结合原则

本次研究旨在为政府应急管理部门和其他应急管理组织的实践活动提供理论指导，因此，评价指标的选取要尽可能地照顾到科学研究的需要。同时，必须结合实践情况，使得到的指标具有较高的实用性，可以加以修改后应用到实践活动中去。

3）经典性与时效性结合原则

以往的应急预案评价指标体系大多以经典的火灾、洪水灾害等典型灾害为主，往往忽略了一些现代社会才有的灾害，比如工厂化学物爆炸等。本次研究将会把这些指标纳入评价指标体系，并赋予一定的权重。但这只意味着本次研究会给一些"新兴"灾害适当的权重，经典灾害的考量依然会占据本次研究评价指标的大部分权重。

在本次研究中，还根据模型建立的结果和评价的结果，对评价指标进行了二次修正，以便更好地服务于评价过程。

（2）评价指标来源

本次研究的基本评价指标来源于以下三个方面：村镇区域应急预案范例和样本、与应急预案评价相关的研究成果和文献、问卷调查所得到的结果。

1）依托已有的文献、研究成果

依托已有的文献进行研究即文献研究法，是指通过对已有文献的查阅、分析，尝试筛选出一些适合本次研究的指标，纳入研究的评价指标集。文献研究法的优点在于文献研究法可以借鉴前人比较好的研究成果，对于后续的研究省时省力又经济；且其研究成果经过时间检验，可以较好地服务于本次研究，从而使研究得以"站在巨人的肩膀上"进行；而且由于文献研究法可以有效地利用前人的研究成果，从而降低重复研究，从另一个角度来看，即提高了文章内容的新颖性。

本次研究借鉴了其他学者的研究：罗文婷等人对铁路应急预案的评价进行了研究，并将其指标概括为 3 个一级指标（全面性、可操作性、经济性）和 22 个二级指标[8]。张素丽在其文章中则比较全面和细致地列举了多达 60 个评价指标[9]。例如，指标"应急预案演练"在很多篇应急预案的评价中都有提到，并给予很高的权重。

本次利用文献研究法的最大不利因素在于：虽然存在一些较好的应急预案指

标，但这些文献的主题大多是铁路、城市、安全生产等，与本次研究主题——村镇区域应急预案——在主题方面存在较大差异，进而引起的评价差异也是不能忽略的。而且已有的评价指标及指标体系并不能很好地应用到文本评价中。

依托的研究成果还有《村镇防灾救灾应急预案编制导则》，导则详见附录2。应急预案的编制是应急预案评价的起始。应急预案的好坏由应急预案的编制决定。应急预案编制所遵循的原则、规范和当地的具体情况、编制的人员情况，三者共同决定了一篇应急预案的内容，也决定了应急预案的质量。意识到应急预案编制原则和规范的重要性，评价应急预案便不应该脱离应急预案的编制，尤其是应按照应急预案编制所遵循的原则和规范去评价一个应急预案。因此，本书部分指标参考了《村镇防灾救灾应急预案编制导则》，以便更好地进行评价。

2）范例、样本研究

收集了一些编写比较规范、内容比较具体的应急预案范例作为评价对象的样本进行了研究，进而依据样本，筛选出一些应急预案的评价指标。

本次研究采用的范例、样本名称如下：《双涧镇人民政府突发事件总体应急预案》、《良田镇2015年突发公共事件总体应急预案》、《徐庄镇应急预案》、《中心村突发事件总体应急预案》、《掘港镇村（居）委会应急预案》以及《正余镇人民政府应急预案》。

3）实地调查法

为了避免理论与实际的脱节，以及为了避免指标收集过程中可能发生的缺失、遗漏、错误，本次研究进行了深入的问卷调查。

实地调查环节中采用调查问卷进行调查。问卷内容详见附录1。

问卷的设计包含以下两部分内容：

① 被调查者相关情况。因为被调查者的性别、知识水平、财产情况等往往会影响被调查者的认知和直观感受，进而影响调查的结果，所以在问卷过程中必须考虑相关的影响因素。本部分内容包含9个问题项，涵盖了与应急救灾相关的、对应急救灾影响较大的几个因素：家庭人口、年龄、受教育程度等。

② 被调查者灾害应急响应情况。结合当地实际情况，并在咨询被调查者当地的政府相关工作人员之后，拟出了该部分问卷内容。

从这次问卷调查和结果统计中，可以分析得出以下情况：

① 被调查群体受教育程度集中于高中和初中水平，收入普遍较低。这符合对村镇区域的人员情况的认知。相应的，后面的调查显示的房屋保险率低则不出意料。

② 事前预估的当地的主要灾种应该为台风、滑坡，调查统计显示的结果符合预期。但令人意外的是，调查显示火灾居然也是主要的灾害之一（被调查的地方沿海，空气湿润且降雨充沛）。

③ 在灾情传播渠道里，主流媒体电视位居第一。但由于现在电信基础设施遍布城乡、便捷迅速以及几乎人手一部的智能手机，网络渠道成为第二大灾情信息来源渠道（两者都占比超过了 50%），其中尤其值得一提的是腾讯公司的旗舰产品——微信。

④ 在对应急救灾的准备方面，被调查者对灾害的关注度普遍较高，多数被调查者还是比较熟悉逃生路线的，但绝大多数的被调查者都没有应急物资储备的概念。被调查群体提的最多的需求并且也是最缺的应急救灾准备方式依然是因地制宜的相关演练。

对调查问卷部分统计结果进行分析，并根据分析结果修改或者调整评价指标集：

① 根据问卷调查，获得新闻、信息的渠道中，选择电视的人占调查总人口的 77.2%、微信朋友圈占 59.6%、手机网络占 49.7%。由此可知，许多居民依赖电视和网络获得信息。因此，本文将在预案评价指标集中加入信息传递项并对该项赋予较大的权重。

② 根据问卷调查，在"想了解应急救灾哪方面的知识"选项下，想了解应急自救和互救知识的人达到了 73.7%。一方面，我们从中可以知道该地区应急救灾培训和教育的不足；另一方面，本文据此认为应急预案应该增加对应急救灾培训和教育的规定和内容。

③ 根据问卷调查，在"家中是否储备有应急救灾物资"调查项下，只有33.9%的人选择是。这表明了被调查地居民的应急防灾意识不强，该区域的应急防灾能力有限，也凸显了公共应急储备的重要性。应急预案的评价标准应该考虑到对应急储备的规定。

④ 问卷调查中"是否参加过防灾应急培训或者演练"项，选择参加过的居民人数占调查总数的 55.6%。这表明，仍有将近一半的居民未参加过应急培训和应急演练，应急预案中有关培训和演练的规定没有被很好地执行而流于形式化。

⑤ 对于问卷中"对逃生路线的了解情况"的回答中，选择了了解的人只占总数的 31%。即使缺乏应急逃生知识和意识的居民，如果经历过完整和有计划性的演练安排和培训，也能够记得逃生的路线。而本次调查的人群只有不到三分之一的人了解逃生路线，这从侧面反映了调查地应急预案培训和演练的缺乏。

（3）评价指标集

在经过充分的样本分析、文献阅读之后，收集到初始村镇区域应急预案评价指标 35 个。初始评价指标集如表 2-4 所示。

表中具有文献支撑的指标在指标来源中标明了作者姓名；指标来源中案例一为《双涧镇人民政府突发事件总体应急预案》、案例二为《良田镇 2015 年突发公共事件总体应急预案》、案例三为《徐庄镇应急预案》、案例四为《中心村突发事件总体应急预案》；指标来源中"导则"即为《村镇防灾救灾应急预案编制导则》。

本次研究最终合并、删减了部分指标。最终合并、删减的指标及其原因如下：

1）部分指标单独列出太单薄，且与其他指标项可以"合并"。比如"事件的分类"和"事件的分级"两项，最终合并为"灾害的分类分级"一项。

2）部分指标经探讨后进行了删减。删减动作是最值得斟酌和深思熟虑的：一经删除，可能会对最终评价结果造成较大影响。因此在研究的过程中，尽量避免删减任何项目。例如："预案的制定、发布"项，在六篇样本中只有一篇样本有所提及，且只有寥寥数语。更为重要的是，该项不在本次研究内容——仅限于研究应急预案本身——之内，因此斟酌之后将其删减。

最终的村镇区域应急预案评价基本指标集见表 3-1。

初始村镇应急预案评价指标集   表 3-1

编号	内容	指标来源
1	村镇概况	张素丽[6],案例一
2	编制目的	导则,案例一、二、三、四
3	编制依据	导则,案例一、二
4	事件分类	张素丽[6],导则,案例一、二、四
5	事件等级	张素丽[6],案例一、二
6	适用范围	导则,案例一、四
7	工作原则	刘吉夫[7],导则,案例一、三
8	预案体系	导则,案例二
9	机构设置及职责	张丽[8],导则,案例一、二、三、四
10	组织体系	丁斌[9],导则,案例一
11	联动机制	祝凌曦[10],案例一、三
12	预警级别及发布	于瑛英[11],导则,案例一、二、三
13	预案启动	导则,案例一、二、三
14	基本响应	导则,案例一、二、三
15	应急结束	导则,案例一、三
16	善后处置	导则,案例一、三
17	社会救助	案例一
18	调查总结	案例一、三
19	信息监测与报告	张丽[8],案例一、三

续表

编号	内容	指标来源
20	信息发布与新闻报道	问卷调查,刘吉夫[7],导则,案例一
21	通信保障	导则,案例一、三
22	装备保障	案例一、三
23	队伍保障	导则,案例一、二、三
24	交通运输保障	案例一、三
25	医疗卫生保障	案例一、三
26	治安保障	案例一、三
27	物资保障	问卷调查,郭子雪[12],导则,案例一、二、三
28	资金保障	案例一、二
29	应急避难场所保障	案例三
30	技术储备及保障	案例三
31	法制保障	案例三
32	宣传教育	张素丽[6],案例一、三
33	应急培训	问卷调查,张素丽[6],导则,案例一、三
34	应急演习	问卷调查,张素丽[6],导则,案例一
35	预案的制定、发布	张素丽[6],案例一

2.评价指标体系的构建

(1) 评价指标体系的层次

在确定了应急预案评价指标的识别原则后,下面根据我国村镇应急预案现状、特点,根据应急预案本身的结构,并参考应急救灾的时间线,拟将识别的应急预案评价基本指标归为五类。这五类也即评价的准则层,它们分别是:应急组织、规定（U1）；应急准备（U2）；预警（U3）；应急响应（U4）；后期处置（U5）。

1) 应急组织、规定（U1）

该项包括当地灾害风险描述（U11）、灾害的分类分级（U12）、应急组织设计（U13）、应急组织职责分工（U14）四个基本指标。

2) 应急准备（U2）

与前一项的区别是,该项主要关于事前为灾害所做的准备行为和物质措施等。而上一项应急组织、规定（U1）则着眼于组织设计和灾害分类等较为抽象的和人有关的项目。

该项指标包括保障措施（U21）、完善的应急预案（U22）、应急预案容易理解（U23）、应急预案的更新（U24）、应急物资装备（U25）、应急知识的宣传普及（U26）、应急预案演练（U27）、应急预案培训（U28）八个基本指标。

3）预警（U3）

此处的基本指标"预警"是指预案中对灾害发生前几分钟和发生时相关人员行为规定的总和。成功的预警是应急救灾成功的基石。该项包括预警（U31）、信息上报（U32）、信息传递（U33）三项基本指标。

4）应急响应（U4）

应急响应（U4）项包括应急响应的规定（U41）、现场救治（U42）、应急疏散（U43）三个基本指标。该项是事故发生后应急救援的第一步。一个好的应急响应规定将能极大地挽救生命、减少损失。

5）后期处置（U5）

后期处置（U5）包括奖励和惩处（U51）、后期处置是否周到全面（U52）、应急预案修订（U53）三个基本指标。后期处置（U5）是应急预案整体不可或缺的一部分，关系到应急预案本身的存续和改进。

最终的评价指标体系如图 3-4 所示。

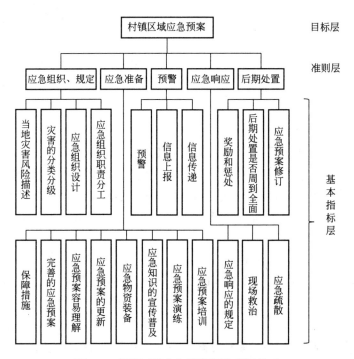

图 3-4　村镇区域应急预案评价指标体系

（2）评价指标权重的确定

1）确定指标权重方法的选用

上小节确定了基本评价指标的层次和结构，本小节将确定评价指标的权重。目前，确立权重使用最广泛的方法是层次分析法。层次分析法简明实用，能够将定性和定量结合起来，在评价中经常使用。本文使用层次分析法建立本次研究的评价指标体系。

2）层次分析法理论

层次分析法是指将一个大的目标分解成多个较小的、有层次的小目标的研究方法，使用层次分析法可以便于将定性的问题转化为定量分析。

层次分析法的使用步骤如下：

① 构造判断矩阵。

构造判断矩阵是为了判断两个目标之间的相对重要性，并确定各个指标的绝对权重。判断矩阵中，ω_{ij} 表示指标 i 相对于指标 j 的重要性：取值由 1 到 9，表示重要程度渐增，一般使用中均不取偶数值，只取 1、3、5、7、9 五个值，分别表示指标 i 相对于指标 j 来说同等重要、稍微重要、较为重要、很重要、极为重要。

ω_{ij} 的值和 ω_{ij} 的值互为倒数。

② 一致性检验。

判断矩阵的构造需要专家们的打分。专家打分容易受主观性影响，而且实践中也很难构造出一个完全具有一致性的矩阵，因此对专家的打分需要进行是否前后一致的判断，检验专家的打分是否可以进行计算。当一致性在一定程度内时才可以接受该判断矩阵。

一致性计算的公式见式（3-1）：

$$CI = \frac{\lambda_{\max} - n}{n - 1} \tag{3-1}$$

其中，$\lambda_{\max}$ 为判断矩阵的最大特征值。

然后再查找平均随机一致性指标 RI 的值，并计算 CI 与 RI 的比值，当该值小于 0.10 时，认为判断矩阵的一致性是可以接受的。否则应当重新打分。

③ 计算指标权重。

本次研究采用特征向量法计算指标权重。设权重向量为 W，则 W 满足下面的式（3-2）：

$$WA = \lambda_{\max} A \tag{3-2}$$

求得权重向量后需要进行归一化处理。

④ 评价指标权重计算。

利用判断矩阵，对识别的指标进行两两比较，并进行一致性检验。多次修改使其通过一致性检验后，得到各个指标的权重如表 3-2 所列。

准则层权重分别为应急准备（U2）（0.4997）、预警（U3）（0.196）、应急响应（U4）（0.1483）、后期处置（U5）（0.0782）、应急组织和规定（0.0777）。

基本指标权重如表 3-2 所示。

基本指标权重　　　　　　　　　　　　表 3-2

基本指标	权重
应急预案演练（U27）	0.1318
应急预案培训（U28）	0.0903
应急知识的宣传普及（U26）	0.0841
预警（U31）	0.084
信息传递（U33）	0.084
保障措施（U21）	0.0731
应急疏散（U43）	0.0636
现场救治（U42）	0.0636
应急物资装备（U25）	0.0477
当地灾害风险描述（U11）	0.045
完善的应急方案（U22）	0.0344
后期处置是否周到全面（U52）	0.0335
应急预案修订（U53）	0.0335
信息上报（U32）	0.028
应急预案容易理解（U23）	0.0214
应急响应的规定（U41）	0.0212
应急组织职责分工（U14）	0.0175
应急预案的更新（U24）	0.0169
奖励和惩处（U51）	0.0112
应急组织设计（U13）	0.0097
灾害的分类分级（U12）	0.0056

最终得到的应急预案评价指标体系如表 3-3 所示。

村镇区域应急预案评价指标体系 表 3-3

	准则层	基本指标	权重
村镇区域应急预案评价	应急组织、规定(U1)(0.0777)	当地灾害风险描述(U11)	0.045
		灾害的分类分级(U12)	0.0056
		应急组织设计(U13)	0.0097
		应急组织职责分工(U14)	0.0175
	应急准备(U2)(0.4997)	保障措施(U21)	0.0731
		完善的应急方案(U22)	0.0344
		应急预案容易理解(U23)	0.0214
		应急预案的更新(U24)	0.0169
		应急物资装备(U25)	0.0477
		应急知识的宣传普及(U26)	0.0841
		应急预案演练(U27)	0.1318
		应急预案培训(U28)	0.0903
	预警(U3)(0.196)	预警(U31)	0.084
		信息上报(U32)	0.028
		信息传递(U33)	0.084
	应急响应(U4)(0.1483)	应急响应的规定(U41)	0.0212
		现场救治(U42)	0.0636
		应急疏散(U43)	0.0636
	后期处置(U5)(0.0782)	奖励和惩处(U51)	0.0112
		后期处置是否周到全面(U52)	0.0335
		应急预案修订(U53)	0.0335

3.3.2 神经网络评价模型

1.评价模型的选用

BP 神经网络的优点以及本文选用 BP 神经网络模型的理由如下：

（1）BP 神经网络模型依赖的是计算机芯片，可以极大地节省人力物力，能够完成人力所不能完成的任务量。

（2）BP 神经网络的记忆性。模型一旦训练完成，即可有效保存专家经验。这就避免了人为评价时专家更迭造成的评价不稳定。

（3）BP 神经网络的鲁棒性和容错性。鲁棒性保证了模型化的评价系统在受到破坏的情况下，其生存能力也较强；容错性保证了评价模型即使发生故障也能继续工作。

（4）BP 神经网络结构上的并行性确保了评价模型在计算中也采用的是并行计算。有赖于此，评价的计算可以更快地实现；评价模型的运算能力也将更加强大。

（5）BP 神经网络的自学习、自组织、自适应性，可以使模型处理一些不符合规范的或者含有不确定因素的素材，而不至于使系统崩溃。

（6）BP 神经网络的万能逼近定理。该定理定义为，含一个隐层的三层神经网络，只要隐节点足够多，就可以任意的精度逼近任何有界连续函数。该定理允许在任意精度上甚至以接近 100％的精度对实际情况进行模拟，确保了评价模型的精确度，或者确保了模型的精确度可以灵活改变。

（7）BP 神经网络类似于人脑，可有效实现定性指标和定量指标的协调和融合。在应急预案评价中，往往存在定性指标和定量指标相互混杂的情况，这种情况即可借助神经网络来协调和处理。

2. BP 神经网络模型概念、原理

神经网络又称人工神经网络，是基于对人脑的认识，以数学和物理方法，利用信息处理技术对人脑的神经网络进行抽象并建立起来的模型[13]。

神经网络是由一定数量的神经元组成的、具有层级结构的网络[5]。在神经网络中，上一层神经元产生输出变量，该输出变量是下一层神经元的输入变量。一般来讲，对于三层及以上的神经网络模型，将第一层称作输入层，最后一层称作输出层，中间的层称之为隐藏层。

BP 神经网络是目前使用最广泛的一类神经网络。该模型使用时利用误差逆传播算法进行训练，按照梯度下降法进行学习，通过不断调整网络连接权和相应阈值，使得网络的总的误差平方和最小[5]，即最小均方误差准则。

设有 P 个训练用的样本矢量，期望输出依次为 d^1，d^2，……，d^P，学习是通过误差校正权值使各 $y^{(p)}$ 接近于 $d^{(p)}$。为简化推导，把各计算节点的阈值并入权矢量，即假设 $\theta''_1 = \omega''_{n_2 l}$，$\theta_k' = \omega'_{n_1 k}$，$\theta_j = \omega_{nj}$，$x''_{n_2} = x'_{n_1} = x_n = -1$，则相应的矢量 ω，ω'，ω''，x，x'，x'' 的维数均增加 1。假设 S 函数的增益 $\lambda = 1$，并使用 δ 学习规则[7]。

当一个样本（设为第 p 个样本）输入网络并产生输出时，均方误差应为各输出单元误差平方之和，见式（3-3）：

$$E^{(p)} = \frac{1}{2} \sum_{l=0}^{m-1} (d_l^{(p)} - y_l^{(p)})^2 \tag{3-3}$$

当所有样本都输入一次后，总误差如式（3-4）：

$$E_T = \sum_{p=1}^{F} E^p = \frac{1}{2} \sum_{p=1}^{P} \sum_{l=0}^{m-1} (d_l^{(p)} - y_l^{(p)})^2 \tag{3-4}$$

设 ω_{sp} 为网络中的一个连接权值，则根据梯度下降法，批处理方式下的权值修正量应为式（3-5）：

$$\Delta \omega_{sp} = -\frac{\partial E_T}{\partial \omega_{sp}} \tag{3-5}$$

增量方式下的权值修正量应为式（3-6）：

$$\Delta\omega_{sp} = -\frac{\partial E^{(p)}}{\partial \omega_{sp}}$$ （3-6）

（1）则对于输出层有式（3-7）：

$$\omega''_{kl}(t+1) = \omega''_{kl}(t) - \eta\frac{\partial E_T}{\partial \omega''_{kl}} = \omega''_{kl}(t) + \eta\sum_{p=1}^{P}\delta^{(p)}_{kl}x''^{(p)}_k$$ （3-7）

（2）对于中间层有式（3-8）：

$$\omega'_{jk}(t+1) = \omega'_{jk}(t) - \eta\frac{\partial E_T}{\partial \omega'_{jk}} = \omega'_{jk}(t) + \eta\sum_{p=1}^{P}\delta^{(p)}_{jk}x'^{(p)}_j$$ （3-8）

3. 基于神经网络的评价模型建立

（1）村镇区域应急预案评价指标体系量化

前文所使用的应急预案评价指标体系中包含了大量的定性化指标，并不适合进行神经网络分析。

为了利用神经网络对评价进行拟合，需要将前文的指标进行处理，以便于数据处理。

本次研究采用了转化思想，将不可以定量化的基本指标合理地、近似地转化为二级指标，利用二级指标来指代这些可以定量化的数据。如表 3-4 所示。

村镇区域应急预案评价二级指标层　　　　表 3-4

基本指标层	二级指标层	二级指标编号
当地灾害风险描述(U11)	本地概况（字符数）	T1
	是否提及本地易发灾害（提及取值1，未提及取值0）	T2
	易发灾害的种类数（如无则取值0）	T3
灾害的分类分级(U12)	灾害分类数	T4
	灾害分级数	T5
	灾害描述详细程度（字符数）	T6
应急组织设计(U13)	组织层数	T7
	组织人数	T8
应急组织职责分工(U14)	是否落实职责到人（若是则取值1，若否则取值0）	T9
	职责规定内容的字符数	T10
保障措施(U21)	保障分类数量	T11
	保障部分内容的字符数	T12
完善的应急方案(U22)	是否有附则（若有则取1，若无则取0）	T13
	是否有附录文件（若有则取1，若无则取0）	T14

续表

基本指标层	二级指标层	二级指标编号
应急预案容易理解(U23)	平均每句中的字符数	T15
应急预案的更新(U24)	当前年份-预案制定年份	T16
应急物资装备(U25)	应急物资装备部分的字符数	T17
	是否有应急设施和装备的相关规定(有取1,无取0)	T18
	是否有应急场所的规定(有取值1,若无则取值为0)	T19
应急知识的宣传普及(U26)	宣传教育部分的字符数	T20
	宣传教育和宣传采用的方式数	T21
应急预案演练(U27)	应急预案演练部分的字符数	T22
	每年开展应急预案演练的次数(如无规定按0计算)	T23
应急预案培训(U28)	应急预案培训部分的字符数	T24
	每年开展应急预案培训的次数(如无规定按0计算)	T25
预警(U31)	预警监测部分字符数	T26
信息上报(U32)	是否设置专门的人员进行上报(若有,则取1值,若无,则取0值)	T27
	是否有规定上报的流程(若有,则取1值,若无,则取0值)	T28
	信息上报部分的字符数	T29
信息传递(U33)	如有与外部信息沟通的规定,取值1;若无,则取值0	T30
应急响应的规定(U41)	应急响应部分的字符数	T31
现场救治(U42)	现场救治部分的字符数	T32
应急疏散(U43)	应急疏散部分的字符数	T33
奖励和惩处(U51)	奖惩部分的字符数	T34
后期处置是否周到全面(U52)	后期处置的字符数	T35
应急预案修订(U53)	应急预案修订的字符数	T36
	是否有灾害后进行修订的规定(如有则取值为1,无取值为0)	T37

（2）模型样本的获得

由于神经网络要经过一定的训练才能工作，因此，此处需要一定数量的导师向量。导师向量越多越好。但是，受到各种因素制约，本文只能选取适当的样本数量来进行训练。

因此，经由互联网和文献，获得了6篇作为样本的应急预案。这6篇样本分别是《双涧镇人民政府突发事件总体应急预案》、《良田镇2015年突发公共事件总体应急预案》、《徐庄镇应急预案》、《中心村突发事件总体应急预案》、《掘港镇村（居）委会应急预案》、《正余镇人民政府应急预案》。

评分法的打分采用如下分值规定：很差（－2分）、差（1分）、合格（0分）、好（1分）、很好（2分）。

对六篇应急预案的打分情况如表3-5所示。

六篇样本应急预案专家打分　　　　　　　　　　表3-5

编号	基本指标层	双涧镇	良田镇	徐庄镇	中心村	掘港镇	正余镇
1	应急预案演练(U27)	2	－2	－2	－2	0	0
2	应急预案培训(U28)	2	－2	1	－2	0	2
3	应急知识的宣传普及(U26)	1	－2	1	－2	－2	－2
4	预警(U31)	0	－2	1	0	－2	－1
5	信息传递(U33)	1	－2	1	0	2	2
6	保障措施(U21)	2	2	2	2	2	2
7	应急疏散(U43)	－2	2	－2	2	－2	－2
8	现场救治(U42)	0	2	－2	2	－2	1
9	应急物资装备(U25)	－2	2	－2	2	－2	2
10	当地灾害风险描述(U11)	－2	－2	－2	－2	－2	－2
11	完善的应急方案(U22)	1	0	2	0	0	1
12	后期处置是否周到全面(U52)	1	－2	2	1	－2	1
13	应急预案修订(U53)	－2	2	－2	1	－2	－2
14	信息上报(U32)	0	－2	1	1	0	0
15	应急预案容易理解(U23)	1	2	0	2	2	0
16	应急响应的规定(U41)	2	1	2	2	0	2
17	应急组织职责分工(U14)	2	2	2	2	2	2
18	应急预案的更新(U24)	0	2	1	0	－2	1
19	奖励和惩处(U51)	－2	0	－2	0	0	0
20	应急组织设计(U13)	2	2	2	2	2	2
21	灾害的分类分级(U12)	2	2	2	2	－2	0

这些获得的样本经专家打分，得到的结果经汇总计算后，各镇的加权得分如下：双涧镇0.5324分、良田镇－0.8802分、徐庄镇－0.0155分、中心村－0.8282分、掘港镇－0.8796分、正余镇－0.2278分。

为了方便后文进行区分，现将最后的得分简化为"合格"（取值为1）或者"有待改进"（取值为0）两种情况，则合格的村镇有双涧镇，有待改进的村镇为良田镇、徐庄镇、中心村、掘港镇和正余镇。

之所以作此简化，主要是出于以下几个方面的考虑：

1）问题的本质。本次研究的目的是要获得应急预案的评价，然而评价的总分到底是 100 分制还是五分制？研究的最根本目的在于评价一个预案的好坏，以期做出改进。因此，结果可以简单地转化成为分类问题：合格或者有待改进。

2）样本的大小。无论是样本本身的数据来源还是获取、加工这些数据所付出的努力都随着数据量的增大成倍增加。而样本量的减小，带来的是训练不够，因此会存在误差或者判断失误。但将问题变为简单的分类后，则会系统性地大量减少这些误差和失误。

3）网络移植性的限制。虽然研究者本人使用的是英特尔酷睿 i5 的双核处理器，但是考虑到现实中不少村镇区域的设备和经济情况并不好，进而非常容易影响程序的运行。将问题转化为分类问题后，只需要进行简单的二分法判断即可，运算量大为减少，而网络的可移植性大大增加，一举两得。

（3）模型的训练及训练结果分析

在六篇样本中采集相关数据，如表 3-6 所示。

样本预案的三级指标取值   表 3-6

三级指标	双涧镇	良田镇	徐庄镇	中心村	掘港镇	正余镇	清溪镇
T1	65	0	0	0	0	0	0
T2	0	0	0	1	0	0	1
T3	0	0	0	4	0	0	5
T4	4	4	0	4	0	4	5
T5	4	4	4	0	0	0	0
T6	87	336	0	197	147	316	133
T7	2	2	4	2	3	3	3
T8	6	11	7	3	5	9	75
T9	0	1	0	0	1	1	1
T10	1678	911	860	247	897	705	920
T11	8	3	11	4	2	4	11
T12	1565	364	1405	198	319	346	741
T13	1	1	0	1	0	0	0
T14	1	0	0	0	0	0	0
T15	38	27	23	28	29	32	38
T16	1	2	2	3	9	5	3
T17	0	0	0	0	0	0	172
T18	0	0	1	1	1	1	1
T19	0	0	1	1	1	1	1

续表

三级指标	双涧镇	良田镇	徐庄镇	中心村	掘港镇	正余镇	清溪镇
T20	117	0	159	0	0	0	262
T21	2	0	2	0	0	0	3
T22	239	0	0	0	89	111	130
T23	1	0	0	0	0	0	1
T24	117	0	129	0	114	74	50
T25	1	0	0	0	0	1	0
T26	103	0	235	112	0	350	162
T27	1	1	1	1	1	1	0
T28	1	1	1	1	0	1	1
T29	91	167	341	210	189	428	286
T30	1	1	1	1	0	1	0
T31	1392	748	855	556	403	1600	1481
T32	0	0	0	0	0	0	0
T33	0	0	0	0	0	0	0
T34	0	100	0	120	176	254	0
T35	713	0	1103	136	212	59	0
T36	0	31	0	32	0	0	0
T37	0	0	0	0	0	0	0

利用 Z-score 命令（标准化）和 mapminmax 命令（归一化）对上面收集到的数据（即矩阵 A）进行标准化，以加快收敛速度。

注意：如不对数据进行标准化操作，则最终的结果差异会比较微小，而且各个模型得到的结果取值也不尽相同；而进行标准化操作后的数据，取值则落在 0 和 1 附近，容易区分，而且各个模型得到的结果取值也总是靠近 0 或者 1。

其数学实质是：标准化保留的是数据之间的相对差异，zsc 表示五列数据之间的相对差异，zsc1 表示六列数据之间的相对差异，前者是后者的子集。

实际操作命令如下：zsc＝zscore（A）；z1＝mapminmax（zsc）。

得到的数据如表 3-7 所示。

样本预案标准化后的三级指标取值　　　　　　　表 3-7

三级指标	双涧镇	良田镇	徐庄镇	中心村	掘港镇	正余镇
T1	1	−0.15731	−0.59349	−1	−0.62868	−0.43759
T2	0.353151	1	−0.15002	−1	−0.24281	0.261011
T3	0.030614	1	−0.72345	−1	−0.86251	−0.10747
T4	0.004557	1	−0.79746	−1	−0.89931	0.018948

续表

三级指标	双涧镇	良田镇	徐庄镇	中心村	掘港镇	正余镇
T5	0.330525	1	0.005521	−1	−0.27736	0.094527
T6	−0.74414	0.976166	−1	1	−0.00344	0.252987
T7	0.231554	1	−0.0914	−1	−0.03985	0.274771
T8	−0.1366	1	−0.36869	−1	−0.28274	0.081077
T9	0.343975	1	−0.0854	−1	−0.04075	0.336353
T10	0.106737	0.53243	−0.77137	−1	1	−0.85972
T11	0.34428	1	0.156548	−1	−0.5507	0.092015
T12	0.657363	−0.55146	1	−0.62519	−0.53311	−1
T13	0.329024	1	−0.19886	−1	−0.28632	0.188552
T14	0.468944	1	−0.03521	−1	−0.11874	0.334788
T15	−0.42627	0.598178	−1	1	0.409981	−0.19075
T16	0.073661	1	−0.38722	−1	0.799359	0.370296
T17	0.417729	1	−0.03521	−1	−0.11874	0.334788
T18	0.353151	1	−0.07741	−1	−0.09769	0.344219
T19	0.353151	1	−0.07741	−1	−0.09769	0.344219
T20	0.304856	−0.64781	1	−1	−0.84481	−0.76495
T21	0.520159	1	0.095519	−1	−0.11874	0.334788
T22	1	−0.70713	−0.85872	−1	0.831502	0.412906
T23	0.468944	1	−0.03521	−1	−0.11874	0.334788
T24	−0.06045	−0.7464	0.191454	−1	1	−0.12796
T25	0.468944	1	−0.03521	−1	−0.11874	0.409689
T26	−0.56417	−0.9161	0.158177	0.611002	−1	1
T27	0.329024	1	−0.13042	−1	−0.14954	0.266979
T28	0.329024	1	−0.13042	−1	−0.28632	0.266979
T29	−1	−0.20503	−0.04191	1	0.087357	0.523696
T30	0.329024	1	−0.13042	−1	−0.28632	0.266979
T31	−0.43287	−0.0962	−0.90173	0.699643	−1	1
T32	0.417729	1	−0.03521	−1	−0.11874	0.334788
T33	0.417729	1	−0.03521	−1	−0.11874	0.334788
T34	−0.96061	0.04461	−1	1	0.992334	0.686828
T35	0.01138	−1	1	−0.29199	−0.25203	−0.89434
T36	−0.80521	0.641612	−0.96967	1	−1	−0.83533
T37	0.417729	1	−0.03521	−1	−0.11874	0.334788

最后利用 MATLAB 中的 Neural Network Pattern Recognition 进行神经网络识别工具训练。

模型运行结果如图 3-5 所示。总体来讲，模型训练非常成功。现按照图 3-5 的顺序，对模型训练结果进行分析和讨论。

1）训练结果图。如图 3-5（a）所示。

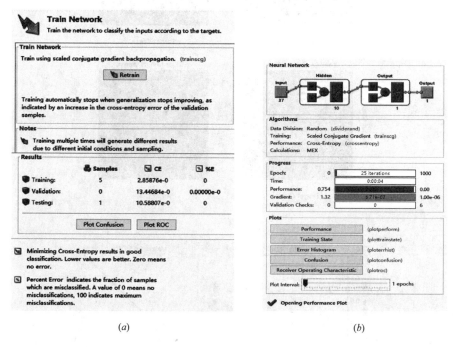

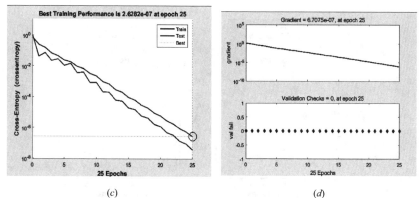

图 3-5　模型训练及训练结果截图（一）

（a）训练结果；（b）模型各项参数；（c）Performance 图；（d）Training state 图；

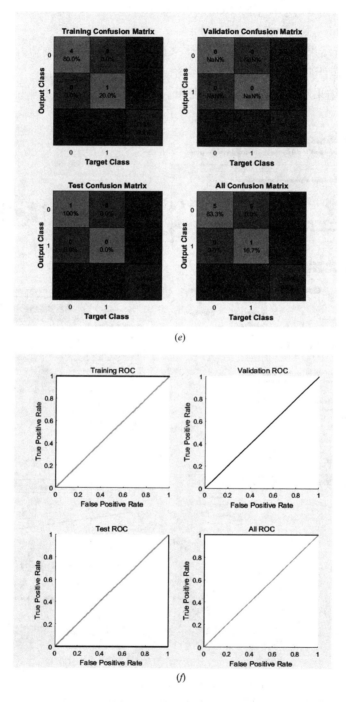

(e)

(f)

图 3-5　模型训练及训练结果截图（二）

（e）Plot confusion 图；（f）Receiver Operating Characteristic 图

交叉熵（Cross-Entropy，CE），交叉熵在神经网络中是作为损失函数出现的，可以衡量真实分布与非真实分布（即你假定的分布或期望的分布）的相似性。当输出结果符合或者接近我们所希望得到的结果时，交叉熵低；反之，则交叉熵较高。在本案例中，对交叉熵求最小值等效于求最大似然估计。

综上，则交叉熵越低越好。本案例中，对模型进行了多次训练，最后得到的模型是所有训练结果中交叉熵较低的。

交叉熵的另外一个作用是：在选用 Sigmoid 函数在梯度下降时能避免均方误差损失函数学习速率降低的问题，原因是输出的误差可以控制学习速率。

被错误分类百分比（%E，Percent Error），表示在训练中，有多少案例被错误地进行了归类。0 表示没有错误归类的数据，100 表示全部分类错误。在本模型中，该项数值为零，表示模型并没有出现分类错误。

2）模型各项参数。如图 3-5（b）所示。

模型结构（Neural Network）部分：本次研究输入端有 37×6 个数据，中间隐层 10 个，输出结果为 0 或者 1。

算法及原理（Algorithms）部分：样本数据和测试数据随机分配（Divide Rand），训练采用共轭梯度法（Scaled Conjugate Gradient）。在数学中，共轭梯度法是一种求解线性方程组特解的算法，前提条件是该线性方程组系数矩阵为对称矩阵或正定矩阵。本次研究采用该法，可提高收敛速度和精度。

模型的表现（Performance）是利用交叉熵（Cross-Entropy）来衡量的。

计算（Calculation）使用的方法是 MEX。MEX 的功能是使得调用 C 语言函数跟调用 MATLAB 函数一样方便。一般在计算中需要用到大量的循环语句时使用（MATLAB 本身是矩阵语言，是为向量和矩阵计算设计的，其循环速度非常慢，不得不借助 C 语言）。

过程（Progress）部分：本次训练次数（Epoch）为 25 次循环（Iteration），耗时 4s。本次研究所需要的计算次数较少，计算时间较短。而这意味着模型本身对计算资源的要求并不高，对硬件的要求较低，适合于普及和推广。

图（Plots）部分将在后文中分图部分详述。

3）模型表现（Performance），如图 3-5（c）所示。

图中，随着计算迭代次数增加，交叉熵一直在递减。在 25 次迭代后，交叉熵低于 10^{-6}，标志着计算完成。

4）训练状态（Trainingstate），如图 3-5（d）所示。

图中，随着训练次数增加，梯度（Gradient）不断降低，最终训练到 25 次时，梯度降为 6.7075×10^{-7}，有效性检验（Validation Check）中，失误数据为 0。

5）混淆矩阵图（Plot Confusion）。如图 3-5（e）所示。

每个图中第一行的第一格与第二行的第二格表示正确答案，第一行的第二格与第二行的第一格表示不正确答案，第三行的第三格表示整体精度。如果训练集上测试结果良好，但测试集性能明显更差，这可能表明过度拟合，那么减少神经元数量可以改善结果。从图中可知本模型几乎没有不正确的情况发生。

6) 受试者工作特征曲线图（Receiver Operating Characteristic，即 ROC 曲线）。

ROC 曲线越靠近左上角，准确性越高。本模型 ROC 曲线较为正常，准确性较高。

最后，将训练得到的模型进行保存，以备后续的案例分析。生成的代码保存为 jg. m 文件。

3.3.3　模型的不足和后续改进

本模型虽然成功运行，但由于一些条件的限制和理论本身的因素，因此，还存在以下不足之处和需要改进的地方：

（1）模型可能会对特殊"案例"无法识别，或者被部分"作弊案例"所欺骗。该情况早已存在于计算机图像识别领域：某些人眼可以识别的图片，却能成功使计算机程序发生误认。因此，神经网络在一定情况下也会受到欺骗。因此，在未来推广网络评价时，需要考虑为模型引进反作弊机制。

（2）模型的评价指标体系建立过程中可能存在系统误差。

一个可能引起偏差的是主观因素的存在。因为无论是最初的建立评价指标体系还是最后的样本评价，都使用了专家打分法，而专家打分法存在着一定的主观因素，进而可能引起系统上的误差，而且此类误差无法从根本上全部消除，只能通过更大规模的调查、更大的专家群等方法来尽量减少。

另外一个可能引起偏差的是神经网络模型本身和模型的训练不当。模型的原理（见第 2 章）决定了模型本身是带有一定的偏差的，一些微小的偏差可能经过层层网络得以放大，而另一些偏差则可能会被缩小，这就势必会影响模型本身的精度；同样，模型的原理也决定了模型每一次的训练结果都有可能不一样，甚至迥异。因此，如何从众多的训练结果中选出合适的网络模型也关乎模型的成败。进行一定次数的训练，并从中选择训练结果的"中位数"可以部分地、较好地解决模型训练结果选择的问题。

（3）训练样本引起的误差。一方面，训练样本的数量会影响模型的训练结果。样本量太少，模型不稳定；而样本量太多，则可能出现过拟合现象。而关于样本数量取多少合适，目前并无定论。另一方面，样本的质量也很容易影响训练结果。

（4）模型所需的定量指标提取比较麻烦。评价指标体系中的一些指标只能按照文字字数作为评价标准，这使得定量指标的提取操作较为烦琐，不利于模型的推广和普及。目前，可以期待的是在实践中可以和文本处理软件相结合或者直接将文本处理的代码加入模型之中，最后实现输入预案输出评价结果的傻瓜式操作。

3.4 村镇灾害应急预案评价案例研究

3.4.1 案例背景

本次案例分析所采用的是《涪陵区清溪镇人民政府综合应急预案》。

涪陵区居重庆市及三峡库区腹地，扼长江、乌江交汇要冲，历来有川东南门户之称，经济上处于长江经济带、乌江干流开发区、武陵山扶贫开发区的结合部，有承东启西和沿长江、乌江辐射的战略地位。

清溪镇的地理位置：涪陵区东部，地处长江南岸，距涪陵城区 12km，东邻南沱，西连江东，南接罗云，北靠长江，是涪陵东北部重要的物资集散地，素有涪陵"四大古镇"之美称，也是全区四大中心集镇之一，是渝西地区通往丰都、湖北省等地的主要通道。

清溪镇人口、面积：全镇面积 80km²，辖 10 个村（居）委、81 个村（居）民小组，9866 户，3.3 万人，耕地面积 27764 亩，林地面积 16230 亩。

清溪镇行政组织：镇党委下属党总支部 2 个，31 个党支部，党员 1185 人。全镇现有机关事业单位干部职工 114 人（不含大学生村干部 3 人，青年志愿者 1 人），其中班子成员 11 人，副处长级干部 5 人，副调研员 3 人，其他机关事业单位工作人员 95 人。

本次研究的案例即为《涪陵区清溪镇人民政府综合应急预案》，全文详见附录 3。

3.4.2 清溪镇灾害应急预案评价

1. 应急预案评价指标收集

按照评价指标体系逐项完成应急预案指标收集，如表 3-8 所示。

清溪镇应急预案评价数据收集 表 3-8

三级指标	双涧镇	良田镇	徐庄镇	中心村	掘港镇	正余镇	清溪镇
T1	65	0	0	0	0	0	0
T2	0	0	0	1	0	0	1
T3	0	0	0	4	0	0	5
T4	4	4	0	4	0	4	5
T5	4	4	4	0	0	0	0

续表

三级指标	双涧镇	良田镇	徐庄镇	中心村	掘港镇	正余镇	清溪镇
T6	87	336	0	197	147	316	133
T7	2	2	4	2	3	3	3
T8	6	11	7	3	5	9	75
T9	0	1	0	0	1	1	1
T10	1678	911	860	247	897	705	920
T11	8	3	11	4	2	4	11
T12	1565	364	1405	198	319	346	741
T13	1	1	0	1	0	0	0
T14	1	0	0	0	0	0	0
T15	38	27	23	28	29	32	38
T16	1	2	2	3	9	5	3
T17	0	0	0	0	0	0	172
T18	0	0	1	1	1	1	1
T19	0	0	1	1	1	1	1
T20	117	0	159	0	0	0	262
T21	2	0	2	0	0	0	3
T22	239	0	0	0	89	111	130
T23	1	0	0	0	0	0	1
T24	117	0	129	0	114	74	50
T25	1	0	0	0	0	1	0
T26	103	0	235	112	0	350	162
T27	1	1	1	1	1	1	0
T28	1	1	1	1	0	1	1
T29	91	167	341	210	189	428	286
T30	1	1	1	1	0	1	0
T31	1392	748	855	556	403	1600	1481
T32	0	0	0	0	0	0	0
T33	0	0	0	0	0	0	0
T34	0	100	0	120	176	254	0
T35	713	0	1103	136	212	59	0
T36	0	31	0	32	0	0	0
T37	0	0	0	0	0	0	0

2.评价指标的处理

将新得到的案例数据与样本数据并列，形成一个新的数值矩阵 S1，利用 MATLAB 对新的矩阵进行标准化处理，得到处理后的数据。MATLAB 命令语句如下：zsc1＝zscore（S1）；z11＝mapminmax（zsc1）。

注意：在这里，为了方便数据的标准化，本文将之前的六个样本数据和案例数据放到了一起。这样做，zsc 和 zsc1 里的数据值将会不一样，但这并不会影响模型的判断（后面的案例分析结果也证实了这点）。

得到的结果如表 3-9 所示。

标准化后的清溪镇应急预案评价指标　　　　表 3-9

三级指标	双涧镇	良田镇	徐庄镇	中心村	掘港镇	正余镇	清溪镇
T1	−0.23885	−0.36247	−0.40906	−0.45248	−0.41282	−0.39241	−0.40072
T2	−0.38868	−0.36247	−0.40906	−0.4435	−0.41282	−0.39241	−0.39742
T3	−0.38868	−0.36247	−0.40906	−0.41654	−0.41282	−0.39241	−0.3842
T4	−0.37946	−0.34271	−0.40906	−0.41654	−0.37892	−0.3842
T5	−0.37946	−0.34271	−0.39729	−0.45248	−0.41282	−0.39241	−0.40072
T6	−0.18814	1.297282	−0.40906	1.317862	0.451433	0.672844	0.038857
T7	−0.38407	−0.35259	−0.39729	−0.43451	−0.39518	−0.3823	−0.39081
T8	−0.37485	−0.30813	−0.38847	−0.42552	−0.38342	−0.36207	−0.15284
T9	−0.38868	−0.35753	−0.40906	−0.45248	−0.40694	−0.38904	−0.39742
T10	3.479147	4.137631	2.120838	1.767188	4.860892	1.984185	2.639977
T11	−0.37024	−0.34765	−0.3767	−0.41654	−0.40106	−0.37892	−0.36437
T12	3.218679	1.435595	3.724087	1.326848	1.462669	0.773976	2.048363
T13	−0.38637	−0.35753	−0.40906	−0.4435	−0.41282	−0.39241	−0.40072
T14	−0.38637	−0.36247	−0.40906	−0.45248	−0.41282	−0.39241	−0.40072
T15	−0.30109	−0.2291	−0.3414	−0.20086	−0.24232	−0.28454	−0.27513
T16	−0.38637	−0.35259	−0.40318	−0.42552	−0.35991	−0.37555	−0.39081
T17	−0.38868	−0.36247	−0.40906	−0.45248	−0.41282	−0.39241	0.167757
T18	−0.38868	−0.36247	−0.40612	−0.4435	−0.40694	−0.38904	−0.39742
T19	−0.38868	−0.36247	−0.40612	−0.4435	−0.40694	−0.38904	−0.39742
T20	−0.11899	−0.36247	0.058676	−0.45248	−0.41282	−0.39241	0.465216
T21	−0.38407	−0.36247	−0.40318	−0.45248	−0.41282	−0.39241	−0.39081
T22	0.162224	−0.36247	−0.40906	−0.45248	0.110435	−0.01822	0.028942
T23	−0.38637	−0.36247	−0.40906	−0.45248	−0.41282	−0.39241	−0.39742

三级指标	双涧镇	良田镇	徐庄镇	中心村	掘港镇	正余镇	清溪镇
T24	−0.11899	−0.36247	−0.02958	−0.45248	0.257417	−0.14295	−0.23547
T25	−0.38637	−0.36247	−0.40906	−0.45248	−0.41282	−0.38904	−0.40072
T26	−0.15126	−0.36247	0.282248	0.554007	−0.41282	0.78746	0.134705
T27	−0.38637	−0.35753	−0.40612	−0.4435	−0.40694	−0.38904	−0.40072
T28	−0.38637	−0.35753	−0.40612	−0.4435	−0.41282	−0.38904	−0.39742
T29	−0.17892	0.462466	0.594073	1.434686	0.698363	1.050403	0.544539
T30	−0.38637	−0.35753	−0.40612	−0.4435	−0.41282	−0.38904	−0.40072
T31	2.819911	3.332454	2.106129	4.544024	1.956529	5.001279	4.494143
T32	−0.38868	−0.36247	−0.40906	−0.45248	−0.41282	−0.39241	−0.40072
T33	−0.38868	−0.36247	−0.40906	−0.45248	−0.41282	−0.39241	−0.40072
T34	−0.38868	0.131504	−0.40906	0.625899	0.621932	0.463839	−0.40072
T35	1.254803	−0.36247	2.835681	0.769684	0.833586	−0.19352	−0.40072
T36	−0.38868	−0.20934	−0.40906	−0.16491	−0.41282	−0.39241	−0.40072
T37	−0.38868	−0.36247	−0.40906	−0.45248	−0.41282	−0.39241	−0.40072

3. 评价结果

将上面所得到的标准化后的数据输入之前研究训练出的模型［使用运行按钮，命令行为"jg（zscl）"］即可得到模型的分析结果。最终该案例取值为0.0063，更加靠近0，从而和后五个样本一样，可以被归为"有待改进"类。

3.4.3 清溪镇灾害应急预案分析及对策建议

根据模型分析结果并在对其他应急预案范文的研究基础之上，对清溪镇的应急预案进行分析并给出建议。

1. 清溪镇应急预案不足分析

清溪镇的应急预案存在的问题主要可以分为以下两类：

（1）案例中缺乏一些必要的内容

缺乏必要的内容会使灾害当真来临时，应急救灾人员由于没有相关的规定内容而手足无措或者急切间做出不恰当的举动，进而引起不必要的吵闹、争端，甚至由于情况的迅速变化而对灾民造成二次伤害。

例如，案例文本中并没有关于应急预案修订的内容。村镇区域如未能及时修订预案，导致预案与现实情况脱节，甚至出现与现实情况相矛盾的情况，可能导致应急救灾组织指挥人员和普通民众做出错误的判断、出现错误的救援行为，甚至因此产生严重后果。

再比如，预案中信息公开的规定。如果没有清晰的信息公开与发布规定，不能及时发布相关灾害信息，可能导致一些不真实信息的传递和扩散。而且极可能被一些别有用心的人加以利用，以达到一些不可告人的目的。2008年的汶川地震中由于该地区某些村镇地处偏僻，道路阻塞，再加之没有有效的信息公开规定，致使当地产生了一些反社会、反人类的言论，产生了极为不好的影响。幸而随着救援工作的开展和信息的不断公开和发布，流言随之而止。

（2）案例中一些关键的地方表述不清晰、不明确

在落实责任的地方不清晰、不明确是我国村镇区域应急预案普遍存在的问题之一。清溪镇也不例外。该案例中应急组织机构及其职责部分，罗列了十数个组织和委员会，每个组织都有接近十个左右的成员，其应急救灾组织不可谓不大。

但是如此规定，既不方便灵活机动，也有依仗预案分散责任、躲避责任的嫌疑。

2.清溪镇应急预案改进建议

针对上文出现的两类问题，本小节将之细化到条目，按照其在应急预案中的先后顺序逐条给出改进建议。

（1）缺乏应急预案体系的相关规定

完整的村镇区域应急预案体系应该包括综合应急预案、专项应急预案以及必要的附录等。清溪镇无论只有一篇综合应急预案还是有其他的专项应急预案，都应该在应急预案里列出此点。这样做既能显得条理清晰，也方便紧急情况下执行操作和救援。在给出应急预案体系时，可以考虑采用图的形式。

（2）缺乏应急工作原则

应急工作原则是当紧急情况发生而应急预案中对此事件又没有规定或者规定不符合实际情况时的救援行动指南。应急工作人员在灾害发生时无法及时查看预案等情况下也可以以此作为行动指南。事实上，任何应急预案都是无法考虑所有的情况的，应急工作原则正是对未能考虑到的情况的一个有效补充。

（3）应急组织机构及职责人员众多，职责混乱不清

清溪镇的应急组织人数众多，且责任不清楚，有借此规定分散风险、逃避责任的嫌疑。发生紧急情况时容易出现推卸责任等情况。建议精简机构、责任到人。亦可以使用框图等形式表示清楚组织结构，并标明负责人。

（4）缺少信息传递部分

如果没有清晰的信息传递规定，不能及时沟通和发布相关灾害信息，可能导

致一些不真实信息的传播和扩散。而且极可能被一些别有用心的人加以利用，以达到一些不可告人的目的。

建议明确灾害发生后向本村镇以外的有关部门或单位报告灾害信息的流程、内容、时限和责任人。

（5）对应急响应没有进行分级

灾害有各种不一样的种类，其严重程度也各有不同。如果不能做到不同程度区分对待，则有可能发生类似于"狼来了"的悲剧。建议预案应该针对灾害危害程度、影响范围和村镇控制事态的能力，对灾害应急响应进行分级，明确分级响应的基本原则。

（6）预案混淆了处置措施和保障措施的概念，其处置措施项目下内容为保障措施

处置措施是事发时应该采取的措施，而保障措施则为平时针对紧急情况所做的准备和保障工作。缺乏处置措施有可能造成事发时应急工作人员产生误操作等行为，甚至造成严重后果。建议应急预案中明确处置措施和保障措施的不同；修改本部分的内容：针对可能发生的灾害风险、灾害危害程度和影响范围，制定相应的应急处置措施，明确处置原则和具体要求。

（7）缺少信息公开部分

建议预案明确向有关新闻媒体、社会公众通报灾害信息的部门、负责人和程序以及通报原则。

（8）后期处置（U5）部分，内容不全

最好可以加入诸如污染物处理、生产秩序恢复、医疗救治、善后赔偿、应急救援评估等内容。

（9）应急预案中对修订没有做规定和要求

村镇区域如未能及时修订预案，导致预案与现实情况脱节，甚至出现与现实情况相矛盾的情况，可能导致应急救灾组织指挥人员和普通民众做出错误的判断、出现错误的救援行为，甚至因此产生严重后果。建议应急预案中应该明确应急预案修订的基本要求，并定期进行评审，实现可持续改进。

（10）应急预案备案

备案有助于事后发现并处理应急不力的工作人员，也有助于事前通过上级的审批发现预案中的问题，早发现早解决，也有助于事后对应急预案的持续改进。建议预案中明确应急预案的报备部门，并进行备案。

（11）附件缺失

应急预案的附件至少应包括有关应急部门、机构或人员的联系方式，应急物资装备的名录或清单，还可以包括关键的路线、标识和图纸、有关协议或备忘录等信息。方便紧急情况发生时联系到关键人员和传递信息。

参考文献

[1] 贺曲夫. 我国县辖政区的发展与改革研究 [D]. 华东师范大学，2007.

[2] 荣莉莉. 应急预案体系的构建方法研究 [J]. 中国应急管理，2014，(8)：23-29.

[3] 谢迎军，朱朝阳，周刚，et al. 应急预案体系研究 [J]. 中国安全生产科学技术，2010，06 (3)：214-218.

[4] 张小兵，王建飞，解玉宾，et al. 公共产品视域下应急预案周期管理探讨 [J]. 灾害学，2015，(2)：162-166.

[5] 罗文婷，王艳辉，贾利民，et al. 改进层次分析法在铁路应急预案评价中的应用研究 [J]. 铁道学报，2008，30 (6)：24-28.

[6] 张素丽，康泉胜，方元. 浙江省突发事件应急预案评价指标体系研究 [J]. 中国安全科学学报，2012，22 (10)：164.

[7] 刘吉夫，张盼娟，陈志芬，et al. 我国自然灾害类应急预案评价方法研究（Ⅰ）：完备性评价 [J]. 中国安全科学学报，2008，18 (2)：5-11.

[8] 张丽，柏萍，汪忠雨，et al. 基于层次分析与模糊综合评价的事故应急预案评估 [J]. 中国安全生产科学技术，2015，(9)：126-131.

[9] 丁斌，陈殿龙. 基于粗糙集与 FAHP-FCE 的地方政府应急物流预案评价 [J]. 系统工程，2009，27 (4)：7-11.

[10] 祝凌曦，肖雪梅，李玮，et al. 基于改进 DEA 法的铁路应急预案编制绩效评价方法研究 [J]. 铁道学报，2011，33 (4)：1-6.

[11] 于瑛英，池宏，高敏刚. 应急预案的综合评估研究 [J]. 中国科技论坛，2009，(2)：88-92.

[12] 郭子雪，张虎，于强. 基于灰色理论的应急预案实施效果评价研究 [J]. 井冈山大学学报（社会科学版），2014，35 (1)：64-68.

[13] Demuth H B，Beale M H，De Jess O，et al. Neural network design [M]. Martin Hagan，2014.

[14] 田雨波，陈风，张贞凯. 混合神经网络技术 [M]. 科学出版社，2015.

第4章 基于开源地理数据的村镇地表信息识别

4.1 基于开源地理数据的信息识别概述

理解过去能够更有效地规划未来。

随着深圳市快速的发展，过去的 40 年里土洋社区及其紧邻的葵涌镇区地表覆盖发生了一系列的变化。随着人口增长与社会进步，人类对土地的需求量不断增加与土地资源数量逐渐减少之间的矛盾逐步突出。在土洋社区及葵涌镇表现出人们的活动逐渐向森林和海洋延伸，建成区域不断地扩张。历经 40 年，建成区面积从 1977 年的 3.38km^2 增长到 2017 年的 9.81km^2。

地表覆盖和土地利用是两个不同含义的术语，但是由于它们内在的本质关联性，在城乡规划研究中经常会同时使用。地表覆盖指的是地球表面的物理特征。地表覆盖物通常表达为植被、水体、岩石、土壤和其他类型的地表，其中也包括人工地表比如城市。土地利用通常指土地为了满足人类社会活动和经济活动而被赋予的不同使用属性。土地利用强调的是土地对人类活动的支持作用和社会经济性质。城市及其周边的地表覆盖变化能够在一定程度上反映出该区域土地的刚性供给。

研究地表覆盖变化和土地利用变化是区域规划的核心内容之一。了解和研究土洋社区及葵涌镇区周边的地表覆盖变化过程，对理解该地区土地利用经济效益、预测未来土地利用变化趋势、制定有效的区域发展策略和改善生态环境等方面均具有重要的现实意义。

4.2 大鹏半岛的地理区位及区域规划发展策略

4.2.1 大鹏半岛的地理区位及自然条件

土洋社区紧邻葵涌镇，属于深圳大鹏新区葵涌街道，坐落在大鹏湾和大亚湾之间的大鹏半岛西北角。大鹏半岛区位于深圳东南部，受海洋影响，多雨雾并且常受台风吹袭，年均降水量约 1846mm。由于植被覆盖率高，加上海洋的调节作用，大鹏半岛及周边区域平均气温较低，平均气温 22.5℃，平均风速 2.5m/s。

大鹏半岛的自然地貌以滨海低山、丘陵为主，多为残积坡积角砾碎屑、薄层红壤型风化壳所覆盖，是典型的基崖山地地貌[1][2]。大鹏半岛的地理区位见图 4-1 中右下角边框区域，土洋社区的葵涌镇的地理位置如图 4-1 中红色边框区域。

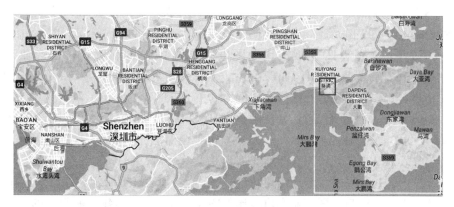

图 4-1　大鹏半岛地理区位图

4.2.2　人口状况

大鹏新区下辖大鹏街道、南澳街道和葵涌街道，包括 25 个社区。截至 2015 年末，大鹏新区常住人口 13.56 万人，比 2014 年末增加 0.19 万人，增长 1.4%，其中户籍人口 3.87 万人，非户籍人口 9.69 万人。葵涌街道管辖包括土洋社区在内的 9 个村（居）委会、62 个村（居）民小组，总人口 61965 人，其中户籍人口 8897 人，外来人口 53068 人。土洋社区紧邻葵涌镇区，背山面海，与香港隔海相望。土洋社区距深圳市区 30km，总面积 2.9km^2，总人口 7347 人，其中户籍人口 847 人，流动人口 6500 人。土洋社区下辖一个行政村：土洋村，一个居民小组：沙渔涌居民小组。

4.2.3　2011～2016 年大鹏新区的经济发展状况

根据大鹏新区政府信息公开数据[3]：

2011 年，大鹏新区实现地区生产总值 254.29 亿元，占全市比重 2.2%。辖区工业产值 192.62 亿元，同比增长 28.3%，占全市 3.5%，三次产业比例为 0.19：75.74：24.07。能源产业是新区工业经济增长的主要驱动力。旅游产业仍处于"小、散、弱"格局。

2012 年，大鹏新区实现地区生产总值 294.99 亿元，第二产业产值 213.09 亿元，旅游业总收入 1.27 亿元。全社会固定资产投资 69.81 亿元。国地两税总收入 41.71 亿元。三次产业比例为 0.15：72.24：27.61。

2013 年，大鹏新区全年实现地区生产总值 245.07 亿元，第二产业产值

156.28 亿元，旅游业总收入 34.25 亿元。全社会固定资产投资 67.4 亿元。国地两税总收入 42.49 亿元。三次产业比例为 0.18：63.77：36.05。

2014 年，大鹏新区全年实现地区生产总值 259.25 亿元，第二产业产值 161.13 亿元，旅游业总收入 41.12 亿元。全社会固定资产投资 68.1 亿元。国地两税总收入 46.92 亿元。三次产业比例为 0.17：62.15：37.68。

2015 年，大鹏新区全年实现地区生产总值 274.53 亿元，第二产业产值 166.66 亿元，旅游业总收入 44.67 亿元。全社会固定资产投资 72.19 亿元。国地两税总收入 55.79 亿元。三次产业比例为 0.17：60.71：39.12。

2016 年，大鹏新区全年实现地区生产总值 307.42 亿元，第二产业产值 180.58 亿元，旅游业总收入 48.80 亿元。全社会固定资产投资 73.84 亿元。国地两税总收入 65.41 亿元。三次产业比例为 0.13：58.74：41.13。

2011～2016 年大鹏新区经济发展状况汇总表如表 4-1 所示。2011～2016 年大鹏新区生产总值与辖区工业产值对比如图 4-2 所示。近六年大鹏新区的经济发展主要依靠工业。但自 2013 年开始，旅游业异军突起且收入逐年增加。

2011～2016 年大鹏新经济发展状况汇总表 表 4-1

年份	GDP （亿元）	一产占比	二产占比	三产占比	一产产值 （亿元）	二产产值 （亿元）	三产产值 （亿元）	旅游业收入 （亿元）
2011	254.29	0.19	75.75	24.07	0.48	192.62	61.21	0.30
2012	294.99	0.15	72.24	27.61	0.44	213.10	81.45	1.27
2013	245.07	0.18	63.77	36.05	0.44	156.28	88.35	34.25
2014	259.25	0.17	62.15	37.68	0.44	161.12	97.69	46.92
2015	274.53	0.17	60.71	39.12	0.47	166.67	107.40	44.67
2016	307.42	0.13	58.74	41.13	0.40	180.58	126.44	48.80

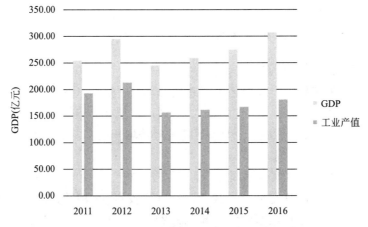

图 4-2 2011～2016 年大鹏新区生产总值与工业产值对比图

4.2.4 大鹏新区中长期规划发展策略

深圳经历了 30 多年的超常规发展，取得了举世瞩目的成就，但持续发展却面临着空间资源短缺与环境容量制约的问题。大鹏半岛拥有深圳留存了多年的宝贵生态和人文财富，是深圳市寻求"工业文明"向"生态文明"转型发展的重要路径，对于转变城市发展模式、提升城市质量、实现科学发展具有十分重要的意义。按照深圳市委市政府提出的"保护为先、科学发展、精细管理、提升水平"的要求，大鹏新区的中长期（2020～2030 年）发展策略为统筹海陆生态保护格局、优化城市空间结构、促进产业转型升级、引导旅游资源高水平开发利用的协调发展。

4.3 Landsat 卫星遥感与地表覆盖识别

4.3.1 卫星遥感概述

卫星遥感技术依靠人造卫星观测平台对地球表面的观测，通过电磁波（包括光波）的传递与接收，感知目标的特征。根据传感器感知电磁波波长的不同，遥感可以分为可见光-近红外（Visible-Near Infrared）遥感、红外遥感以及微波遥感。按照接收到的电磁波信号来源，遥感可以分为被动式遥感（信号由目标物体发出或反射太阳光波）和主动式遥感（信号由传感器发出），如图 4-3 所示。

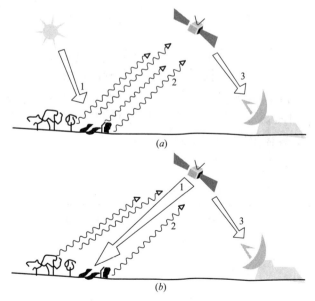

图 4-3 被动式卫星遥感与主动式卫星遥感[4]

（a）被动式卫星遥感；（b）主动式卫星遥感

卫星遥感技术广泛地应用于资源普查、植被分布、农作物检测、考古研究、土地利用调查、火山活动探测、地质灾害勘察、气息预测、海面温度测量和城乡安全与防灾等众多领域。

4.3.2 Landsat 系列卫星

Landsat 系列卫星持续不断地监测地球表面 40 余年。Landsat 卫星数据是迄今为止周期最长的全球覆盖多光谱高分辨率影像[5]。1972 年 7 月 23 日，地球资源技术卫星（Earth Resources Technology Satellite）发射，该卫星最终更名为 Landsat。Landsat 系列最新的卫星 Landsat 8 于 2013 年 2 月 11 日发射。Landsat 系列卫星的运行周期如图 4-4 所示。

图 4-4　Landsat 系列卫星运行周期[6]

Landsat 1～5 卫星搭载多光谱扫描传感器（Multispectral Scanner，MSS），其中，Landsat 4 和 Landsat 5 同时还搭载专题测图传感器（Thematic Mapper，TM）。Landsat 7 搭载增强型专题测图传感器（Enhanced Thematic Mapper Plus，ETM＋）。Landsat 8 同时搭载陆地成像仪（Operational Land Imager，OLI）和热红外传感器（Thermal InfraRed Sensor，TIRS）。Landsat 系列卫星影像产品特征如表 4-2 所示。

Landsat 系列卫星影像产品特征[7]　　　　　　　　　　　　　表 4-2

卫星	波段	波长(μm)	分辨率(m)
Landsat 1～3 MSS	Band 4-绿	0.5～0.6	60
	Band 5-红	0.6～0.7	60
	Band 6-近红外	0.7～0.8	60
	Band 7-近红外	0.8-1.1	60

续表

卫星	波段	波长(μm)	分辨率(m)
Landsat 4～5 MSS	Band 1-绿	0.5～0.6	60
	Band 2-红	0.6～0.7	60
	Band 3-近红外	0.7～0.8	60
	Band 4-近红外	0.8～1.1	60
Landsat 4～5 TM	Band 1-蓝	0.45～0.52	30
	Band 2-绿	0.52～0.60	30
	Band 3-红	0.63～0.69	30
	Band 4-近红外	0.76～0.90	30
	Band 5-短波红外 1	1.55～1.75	30
	Band 6-热感	10.40～12.50	30
	Band 7-短波红外 2	2.08～2.35	30
Landsat 7 ETM+	Band 1-蓝	0.45～0.52	30
	Band 2-绿	0.52～0.60	30
	Band 3-红	0.63～0.69	30
	Band 4-近红外	0.77～0.90	30
	Band 5-短波红外 1	1.55～1.75	30
	Band 6-热感	10.40～12.50	30
	Band 7-短波红外 2	2.09～2.35	30
	Band 8-全色 2	0.52～0.90	15
Landsat 8 OLI TIRS	Band 1-气溶胶	0.43～0.45	30
	Band 2-蓝	0.45～0.51	30
	Band 3-绿	0.53～0.59	30
	Band 4-红	0.64～0.67	30
	Band 5-近红外	0.85～0.88	30
	Band 6-短波红外 1	1.57～1.65	30
	Band 7-短波红外 2	2.11～2.29	30
	Band 8 全色 2	0.50～0.68	15
	Band 9-cirrus	1.36～1.38	30
	Band 10-热红外 1	10.60～11.19	100
	Band 11-热红外 2	11.50～12.51	100

4.3.3 归一化差分植被指数与归一化差分水体指数

由于光合作用，绿色植被能够吸收太阳光中特定波长的光谱，因此其反射光具有特定的光谱特征。根据植被的光谱特征，可将遥感影像中的可见光和近红外波段进行组合，形成各种指标指数。植被指数是对地表植被状况的简单、有效和经验的度量。目前，已经定义了 40 多种植被指数，广泛地应用于全球和区域土地覆盖、植被分类和环境变化中。

归一化差分植被指数（Normalized Difference Vegetation Index，NDVI）是两个波段反射率之差除以它们的和。在植被处于中、低覆盖度时，$NDVI$ 随覆盖度的增加而迅速增大，当达到一定覆盖度后增长缓慢。$NDVI$ 的计算公式如式（4-1）所示。其应用示意图如图 4-5 所示。

$$NDVI = \frac{(NIR - Red)}{(NIR + Red)} \tag{4-1}$$

式中　NIR——近红外波段；

Red——红色可见光的波段。

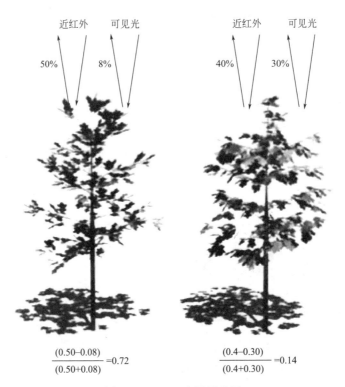

图 4-5　$NDVI$ 应用示意图

图 4-5 中，左侧的健康绿色植被吸收了大多数照射其上的可见光，反射出更大比例的近红外光，因此其 *NDVI* 值更接近 1。右侧不健康的植被或非植被反射出更大比例的可见光，因此其 *NDVI* 值较小。

NDVI 取值范围在 [−1，1]。*NDVI* 值接近 −1 的地表是水体的可能性比较大。*NDVI* 在 0 附近（−0.1～0.1）的地表通常是岩石、沙地或雪地。0.2～0.4 通常代表灌木和草地。较高的 *NDVI* 值通常反映出植被覆盖度很高的森林。

归一化差分水体指数（Normalized Difference Water Index，NDWI）通常用于探测地表的液态水。*NDWI* 有两个计算公式分别如式(4-2)、式(4-3) 所示。

$$NDWI = \frac{(NIR - SWIR)}{(NIR + SWIR)} \tag{4-2}$$

$$NDWI = \frac{(Green - NIR)}{(Green + NIR)} \tag{4-3}$$

式中　*NIR*——近红外波段；

　　　SWIR——短波红外波段；

　　　Green——绿色波段。

式（4-2）用于计算植被叶片中的含水量。式（4-3）用于计算地表水体的变化程度。本文中的 *NDWI* 均指式（4-3）所指含义的归一化差分水体指数。*NDWI* 取值范围 [−1，1]，−1～0 表示地表没有水体，1 表示地表上确定性的水体。

4.4　1973～2017 年土洋社区及葵涌镇建成区增长分析

4.4.1　土洋社区与葵涌镇范围

土洋社区及葵涌镇所处地理坐标范围：北纬 22°35′54.97″～22°39′11.99″，东经 114°22′15.35″～114°27′0.43″，总面积 51.293km²，南北长 6.24km，东西宽 8.22km。土洋社区及葵涌镇范围如图 4-6 所示。该范围内的高程分布如图 4-7 所示。

4.4.2　建成区参考数据集的生成

土洋社区及葵涌镇建成区的参考数据集采用 Landsat 8OLI_TIRS 传感器于 2017 年 2 月 18 日上午 10 时在该区域所采集的影像数据（LC81210442017049 LGN00），并结合谷歌地球所发布的该区域 2017 年 1 月 21 日 CNES/Airbus 亚米级分辨率图像生成。参考数据集生成流程图如图 4-8 所示。

生成土洋社区及葵涌镇建成区的参考数据集的主要流程及其逻辑关系如图 4-8 所示。首先，需对所选定的 Landsat 8OLI 影像进行预处理。由于土洋社区及葵涌镇地处滨海丘陵地带，垂直高差 526m，因此必须进行地形光照校正，本例采

图 4-6　土洋社区及葵涌镇范围

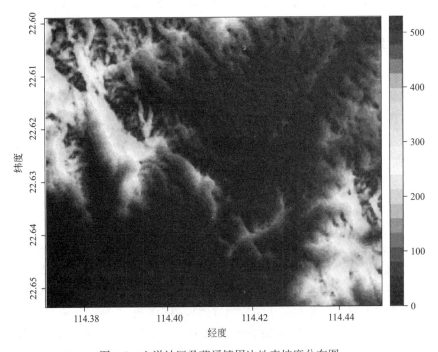

图 4-7　土洋社区及葵涌镇周边地表坡度分布图

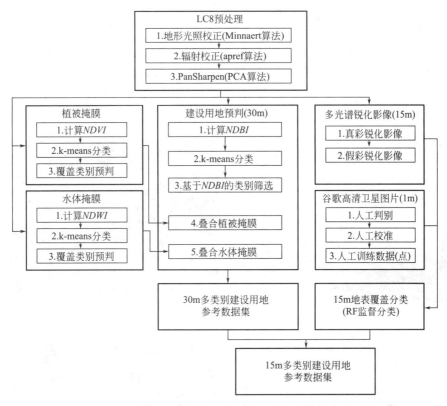

图 4-8 土洋社区及葵涌镇建成区的参考数据集生成流程图

用 Minnaert 算法。地形光照校正采用 30m 空间分辨率数字高程模型 ASTERG-DEM。

为消除随机的辐射失真和畸变，需对影像进行辐射校正，本例采用 apref 算法。并采用 PCA 算法对图像进行 Pan Sharpen 处理。锐化后空间分辨率为 15m。15m 分辨率的 band 8 图层以及锐化处理后的真彩和假彩图像如图 4-9 所示。

图 4-9 参考图像锐化处理后的卫星图像

（a）landsat 8 OLI band 8；（b）锐化后的真彩图像；（c）锐化后的假彩图像

应用于处理后的影像分别计算归一化差分植被指数 NDVI、归一化差分水体指数 NDWI 和归一化差分建设用地指数 NDBI，并分别根据其数据特征进行 k-means 非监督式分类。NDVI 指数分布及其 9 个分类结果如图 4-10 所示。NDWI 指数分布及其 9 个分类结果如图 4-11 所示。NDBI 指数分布及其 7 个分类结果如图 4-12 所示。2017 年该区域谷歌地球高清卫星影像如图 4-13 所示。30m 分辨率的多类别建设用地参考数据集与谷歌地球高清卫星图像的叠合如图 4-14 所示。

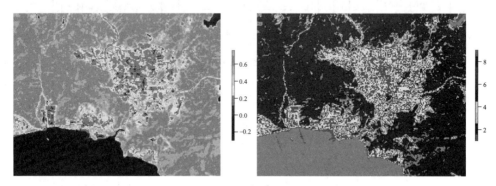

图 4-10　参考图像 NDVI 指数分布及其 9 个分类结果

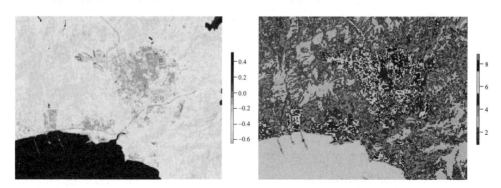

图 4-11　参考图像 NDWI 指数分布及其 9 个分类结果

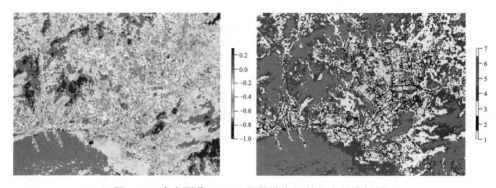

图 4-12　参考图像 NDBI 指数分布及其 7 个分类结果

图 4-13　2017 年该区域谷歌地球高清卫星影像

图 4-14　30m 分辨率的多类别建设用地参考数据集与谷歌地球高清卫星图像的叠合

　　参考数据集的训练点数据全部采用人工方式进行判别、校准和选取。训练点数据在 15m 分辨率的全色影像上的叠合如图 4-15 所示。丛林植被"V1"用绿色点表示，灌木植被"V2"用浅绿色表示，水体"W2"用蓝色表示，建成区"U1"用红色表示，半建成区"U2"用粉色表示。去除植被和水体后的 15m 地表覆盖监督分类结果如图 4-16 所示。去除植被和水体后的 15m 地表覆盖监督分类结果与谷歌地

图 4-15　人工训练数据在 15m 分辨率的全色影像上的叠合

图 4-16　15m 地表覆盖监督分类结果（去除植被和水体）

球高清卫星影像叠合如图 4-17 所示。降噪后的 15m 分辨率建成区参考数据集如图 4-18 所示。该参考数据集与谷歌地球高清卫星影像对比如图 4-19 所示。

图 4-17　去除植被和水体后的 15m 地表覆盖监督分类结果与谷歌地球高清卫星影像叠合

图 4-18　15m 分辨率建成区参考数据集

图 4-19　建成区参考数据集与谷歌地球高清卫星影像对比

4.4.3　训练数据的半自动化生成

用于图像监督式分类的训练数据集采用半自动化的方法生成。如下以 1986 年图像数据说明训练数据的生成过程。

（1）如图 4-20 所示，计算归一化差分植被指数 NDVI，并根据其特征将其分成四类，分别在茂密丛林植被类别和灌木植被类别中随机抽样形成植被训练数据"V"。

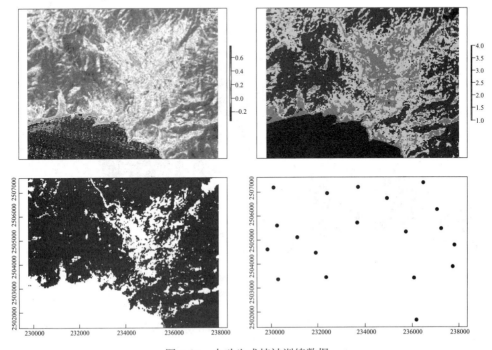

图 4-20　自动生成植被训练数据

（2）如图 4-21 所示，计算归一化差分植被指数 *NDWI*，并根据其特征将其分成六类，在水体类别中随机抽样形成水体训练数据"W"。

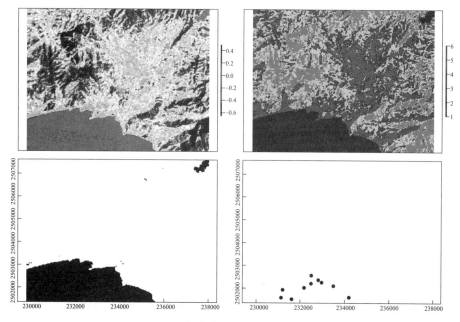

图 4-21 自动生成水体训练数据

（3）如图 4-22 所示，人工判视真彩图像中的建成区和半建成区，形成建成区训练数据"U1"和"U2"，分别对应图 4-22 中的深色点和浅色点。

图 4-22 人工选取建成区和半建成区训练数据

（4）如图 4-23 所示，将训练数据合并，形成训练数据集，包含类别"U1"、"U2"、"V"和"W"，分别对应图 4-23 中的红色点、橙色点、绿色点和蓝色点。

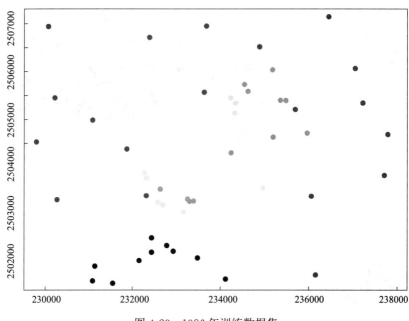

图 4-23 1986 年训练数据集

4.4.4 建成区增长分析

土洋社区及葵涌镇周边地表覆盖变化研究采用 Landsat 系列卫星于 1977～2017 年间采集的 36 张影像，具体的影像数据编号如表 4-3 所示。

研究选取的 Landsat 系列卫星影像列表　　　　　　表 4-3

年份	图像	年份	图像
1977	LM21300441977292AAA05	1991	LT51210441991282BJC03
1978	LM21310441978306AAA04	1992	LT51210441992333BJC00
1979	LM31300441979291AAA05	1993	LT51210441993031BJC00
1981	LM31310441981299AAA03	1994	LT51210441994306BKT00
1984	LM51210441984327FFF03	1995	LT51210441995341BKT01
1986	LT51210441986348BJC01	1996	LT51210441996312BKT00
1987	LT51210441987351BJC00	1997	LT51210441997314BJC00
1988	LT51210441988290BJC00	1998	LT51210441998317BKT00
1989	LT51210441989228BJC00	1999	LT51210441999064BKT00
1990	LT51210441990327BJC00	2000	LT51210442000307BJC00

续表

年份	图像	年份	图像
2001	LT51210442001293BJC00	2009	LT51210442009283BJC00
2002	LT51210442002312BJC00	2010	LT51210442010302BKT00
2003	LT51210442003299BJC00	2011	LT51210442011097BKT01
2004	LT51210442004270BJC00	2013	LC81210442013278LGN00
2005	LT51210442005064BJC00	2014	LC81210442014329LGN00
2006	LT51210442006355BJC00	2015	LC81210442015220LGN00
2007	LT51210442007278BKT00	2016	LC81210442016319LGN00
2008	LT51210442008345BJC00	2017	LC81210442017001LGN00

采用上述半自动化训练数据集生成方法，对应用表 4-3 中的图像数据进行监督式分类，得到 1977~2017 各年份对应的建成区如图 4-24 所示。各年份建成区面积如图 4-25 所示。1977~2017 各年份地表覆盖变化及建成区识别过程如附录 4 所示。

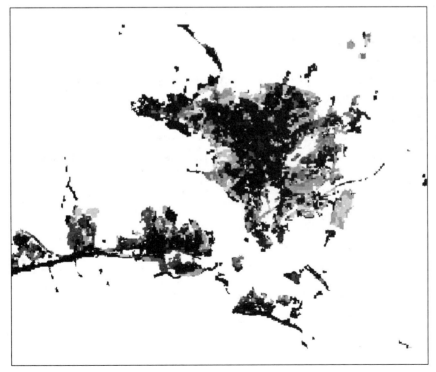

图 4-24 1977~2017 各年份对应的建成区

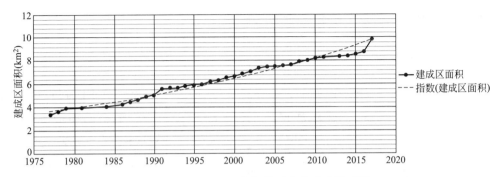

图 4-25 1977～2017 各年份对应的建成区面积

参考文献

［1］ 大鹏新区政府在线. 大鹏概况. 大鹏新区政府，2016.［Online］. Available：http：// www. dpxq. gov. cn/zjdp/dpgl/.

［2］ 深圳新闻网. 大鹏新区基本情况介绍. SZNEWS，2012.［Online］. Available：http：// www. sznews. com/zhuanti/content/2012-12/18/content _ 7513193. htm.

［3］ 大鹏新区政府在线. 统计年鉴. 大鹏新区政府，2011.［Online］. Available：http：// www. dpxq. gov. cn/xxgk/xxgk/tjsj/tjnj/.

［4］ WIKIPEDIA. Remote sensing. WIKIPEDIA，2017.［Online］. Available：https：//en. wi-kipedia. org/wiki/Remote _ sensing.

［5］ USGS. About Landsat. USGS，2017.［Online］. Available：https：//landsat. usgs. gov/.

［6］ USGS. Landsat Missions Timeline. USGS，2017.［Online］. Available：https：//landsat. usgs. gov/landsat-missions-timeline.

［7］ USGS. What are the band designations for the Landsat satellites？ USGS，2017.［Online］. Available：https：//landsat. usgs. gov/what-are-band-designations-landsat-satellites.

第5章　基于 MATLAB 平台的村镇公共区域人群密度识别智能系统设计

　　在我国经济相对发达地区的村镇，由于周边经济发达的城市辐射的关系，无论从景观、产业布局还是生活方式，已非传统农村形象，与城市的融合度也日渐趋强。一方面，村镇招商引资形成各种工业园区，从而吸引大量外来人口，另一方面，作为城市居民生活的延伸，一些村镇已经成为毗邻城市居民的度假村甚至郊外别墅。城市与村镇彼此关联度日益显著。

　　以深圳大鹏新区葵冲街道的土洋村为例，土洋村距离深圳市区 30km，社区总面积 2.9km²，区域如图 5-1 所示。其中户籍人口 800 余人，户籍且常住人口不足一半，外来常住人口超过万人，加上旅游旺季的游客，高峰时期流动人口超过 2 万人。

图 5-1　深圳土洋村区域图示

　　2 万人口活动在不足 3km² 的区域，可见人口密度还是很大的。特别是在容易引起人群聚集的场所（如商场、景观、工人宿舍的通道），人口密度将会更大，一旦发生恐慌、火灾等情况，高密度人群很可能出现拥挤、推搡、阻塞甚至踩踏等事故。因此，从村镇应急管理角度，及时获取人群密度及相关环境数据，进而进行有针对性的预警，将可能发生的事故消弭于灾害之前，具有非常重要的意义。

从城市和村镇管理及防灾减灾角度，需要对特定区域，如交通网络重点区域、生活工作区域、广场及灾害脆弱敏感区域，设置视频设备，获得视频数据及图像数据。在计算机飞速发展的时代，对图像数据的采集、分析及自动处理，对于村镇级别的灾害预警及灾害应对具有重要意义。

目前，摄像头监控技术已经相当成熟，相关软件分析技术已经不仅仅是视频的直接采集、传输、人工观测和存储，借助机器学习技术，对人群预警进行自动预警，在技术上已经可行，从而减轻不必要的人群直接监视的劳动，实现人群灾害预警的智能化。

对于实时采集的人群图像，借助 MATLAB 软件强大的图形处理及数据分析能力，可以构建技术先进、高效的人群预警系统，用于村镇地区人群避免踩踏、拥挤灾害的预警。

可用图 5-2 表示基于 MATLAB 平台的村镇公共区域人口密度的预警系统。

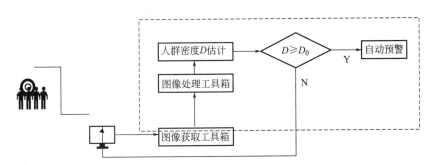

图 5-2　基于视频分析的 MATLAB 平台的人口密度智能预警系统

基于视频分析的村镇关键公共区域人口智能预警系统，能够相对准确地估计人口密度，尤其是在人口流量突然变化的情况下，如重要节假日、突发事件等，最大程度地避免由于人口密度过大而可能导致的恶性事故。

5.1　人群图像的获取

5.1.1　MATLAB 简介

MATLAB 是 matrix 和 laboratory 两个词的组合，意为矩阵工厂（矩阵实验室），是由美国 MathWorks 公司出品的商业数学软件，用于算法开发、数据可视化、数据分析以及数值计算的高级技术计算语言和交互式环境，主要包括 MAT-

LAB 和 Simulink 两大部分。

　　MATLAB 可以直接表达矩阵及数组，很多命令格式和数学表述很相近，同时，MATLAB 产品的开发，就是直接面向工程师和科学工作者，便于关注模型本身。针对工程和数学领域的具体应用分析。

　　MATLAB 的一个重要特征是提供了很多面向具体应用领域的工具箱，如统计工具箱、神经网络工具箱、图像处理工具箱等。这些工具箱涉及领域广泛，直接面向科学与工程应用，同时算法权威，可靠性强。这些工具箱可以协同工作，继承了并行计算环境以及 C 代码生成等功能。

　　MATLAB 每年均发布新版本，以快速跟上日新月异的科技发展步伐。目前最新发布的版本是 2017b，涉及机器学习、深度学习及文本分析等新型科技领域。MATLAB 代码可以直接用于生产，直接部署到云和企业系统，并与数据源和业务系统集成。此外，还可通过 MATLAB 算法的代码自动转换，在嵌入式设备上运行。

　　MATLAB 操作命令众多，内建函数丰富，可以结合实际需求查阅相关技术支持手册。表 5-1 列举了 MATLAB 常见的命令和函数。

MATLAB 常见的命令及函数 表 5-1

函数或 命令名称	功能	语法格式及举例
ver	显示 MATLAB 及其各工具箱名录、对应的版本	
help	查询函数的使用功能及格式等	help 函数名，如 help imread
type	列出 m 文件的内容	type 函数名，如 type imread
lookfor	查询包括特定词汇的 MATLAB 函数集	lookfor 关键词，如 lookfor image
whos	列出当前工作区变量	
size	数组在各维的规模	size(变量名)，如 size(A)
length	显示向量的长度	length(向量名)，如 length(B)
load	从计算机中装载文件	load 文件名，如 load carsmall
save	将当前工作区变量存储到磁盘	save 变量系列 文件名，如 save a b c，表示将工作区变量 a、b、c 存入到磁盘中
clc	清除命令窗口显示（工作区变量仍在）	
clear	清除工作区变量	
cd	改变当前工作目录	
diary	保存 MATLAB 任务到文件	
format	设置显示输出格式	format 数值类型，如 format long

　　注：在语法格式举例中，若调用函数的输入，均假定变量在工作区窗口进行。

5.1.2 基于图像获取工具箱的图像获取

图像获取工具箱（Image Acquisition Toolbox）提供了函数及模块，保证用户与摄像头相连，并把图像数据等传给 MATLAB，它包括一个用于交互地检测和配置硬件属性的 MATLAB App。图像获取工具箱具有批量处理文件、控制硬件操作、背景采集及在多部设备中的数据同步等功能。

具体地说，图像获取工具箱是一个函数集，支持的图像获取操作包括：

可从消费级到专业级相当大的视频设备范围中获取图像；

浏览现场视频流媒体；

触发获取控制；

传输图像数据到 MATLAB 工作区。

在基于 MATLAB 图像获取工具箱的村镇实际人群视频监控系统构建中，首先需要添置若干视频获取硬件设备。MATLAB 支持相当多的视频采集硬件，每次发布新版本，MathWorks 公司网站均会列出支持的视频硬件名录。访问 www.mathworks.com/products/imaq，然后点击 Supported Hardware 链接，即可获得相应链接。

结合村镇需求，视频采集硬件本着够用经济原则，并适度兼顾未来发展即可。也可以充分利用村镇已有视频监控设施，与 MATLAB 操作平台连通。由于涉及具体视频硬件技术，此处不作过多论述。

基于 MATLAB 图像获取工具箱的图像获取工作，主要由如下 7 个步骤构成。

（1）装载并配置图像获取设备

计算机上，可以考虑装载图像采集卡，并装好相关设备的驱动。然后将相机与图像采集卡相连接。安装完毕后，确认图像采集工作正常。但对于 Windows 系统支持的网络摄像头或数字视频摄像设备，可直接与计算机连接，不需要图像采集卡。

（2）在图像获取工具箱软件中获取设备的唯一标识

在 MATLAB 命令窗口，执行

imaqhwinfo

则返回图像获取设备的信息。如下面所示（设备具体型号不同及 MATLAB 版本不同，显示内容会有所区别）：

```
InstalledAdaptors: {'dcam' 'winvideo'}
MATLABVersion: '9.1(R2016b)'
ToolboxName: 'Image Acquisition Toolbox'
ToolboxVersion: '5.1(R2016b)'
```

　　根据上面获得的设备名字"dcam"，执行如下操作：

　　info= imaqhwinfo('dcam')

　　得到如下信息：

AdaptorDllName: [1x77 char]

AdaptorDllVersion: '5.1(R2016b)'

AdaptorName: 'dcam'

DeviceIDs: {[1]}

DeviceInfo: [1x1 struct]

　　为了获得支持的视频格式，可通过执行命令：

　　dev_info= imaqhwinfo('dcam',1)

　　输出结果为（随着设备的型号等不同，显示会有所不同）：

dev_info=

DefaultFormat: 'F7_Y8_1024x768'

DeviceFileSupported: 0

DeviceName: 'XCD-X700 1.05'

DeviceID: 1

VideoInputConstructor: 'videoinput('dcam',1)'

VideoDeviceConstructor: 'imaq.VideoDevice('dcam',1)'

　　（3）创立视频输入对象

　　运行如下命令：

vid= videoinput('dcam',1,'Y8_1024x768')

　　这里，MATLAB 函数 videoinput 接受三个输入参数：视频设备名称，此处为 dcam；设备标号，此处标号为 1；视频的分辨率，此处分辨率为 1024×768。这些参数由第二步获得。具体应结合实际情况进行相应调整。

　　（4）预览视频流（可选）

　　建立了视频输入对象，MATLAB 函数 preview 可以进行浏览。格式为：

preview(vid)

　　其中，preview 函数的输入参数，为存储输入对象的变量名。

　　（5）配置图像获取对象属性（可选）

　　为获取建立的视频输入对象 vid 的一般属性，可以通过运行如下命令实现：

get(vid)

　　MATLAB 命令窗口返回如下内容：

General Settings:

DeviceID= 1

DiskLogger= []

```
DiskLoggerFrameCount= 0
EventLog= [1x0 struct]
FrameGrabInterval= 1
FramesAcquired= 0
FramesAvailable= 0
FramesPerTrigger= 10
Logging= off
LoggingMode= memory
Name= Y8_1024x768-dcam-1
NumberOfBands= 1
Previewing= on
ReturnedColorSpace= grayscale
ROIPosition= [0 0 1024 768]
Running= off
Tag=
Timeout= 10
Type= videoinput
UserData= []
VideoFormat= Y8_1024x768
VideoResolution= [1024 768]
```
......

若要对上述内容值进行更改，比如更改图像抓取区间属性 FrameGrabInterval 的值为 5，则可通过如下命令进行：

```
vid.FrameGrabInterval= 5;
```

上面的操作加分号，可使运行结果不显示在 MATLAB 命令窗口上。

（6）获取图像数据

在图像获取工具箱创建视频输入对象，且配置对象属性后，就可以获取图像数据了。这是图像获取应用的核心，涉及如下过程：

1）启动视频输入对象

通过运行函数 start 调用，具体命令格式的说明，可通过：

```
help start
```

获得，此处从略。

2）触发视频获取操作

为触发数据获取操作，视频输入对象一定要执行一个触发器。触发器可以由几种方式，由 TriggerType 的属性值设定决定。默认值为'immediate'，即 start 运行后，立刻触发视频获取操作。

3）将数据传送给 MATLAB 工作区

工具箱将获得的数据存储于内存、硬盘或者两者都存储，取决于视频输入对象中 LoggingMode 属性值的状况。MATLAB 命令 getdata 可以执行这个操作。可通过：

help getdata

获取具体格式，此处从略。

（7）数据清理

当完成图像获取对象的应用，可以从 MATLAB 工作区和内存区清除与这些对象相关的命令。可执行如下操作（函数输入参数随着实际对象名称的不同而有所调整）：

```
delete(vid)
clear
close(gcf)
```

5.2 MATLAB 图像处理工具箱相关函数

5.2.1 图像处理工具箱简介

MATLAB 图像处理工具箱提供了很多专门处理函数的图像和 APPs，可以对图像进行分割、增强、减噪及几何变换等，并可利用 MATLAB 其他工具箱功能，对图像进行更多的分析及处理。

结合人群数量识别问题，基于 MATLAB 平台的人群数量识别方法，一方面可以充分利用图像处理工具箱相应函数直接处理，另一方面借助 MATLAB 强大的建模及计算能力，通过程序，实现人群数量的估计与识别。

5.2.2 数字图像在 MATLAB 中的坐标表示

关于图像的坐标定位，MATLAB 主要提供了两种形式：

像素标识（Pixel Indices）——因为图像就是数组，可以使用通常的 MATLAB 数组元素标识；

空间坐标（Spatial Coordinates）——平面上的图像定位。

MATLAB 基本数据结构是数组，即关于实数或复数的有序集合。因此，一个图像在 MATLAB 对应的就是一个数组，表示颜色或图像的色彩强度。

MATLAB 存储图像通常采用一个二维数组，即矩阵，矩阵的每个元素与图像的单个像素对应。比如，一个由不同颜色点构成的 200 行和 300 列图像，可以

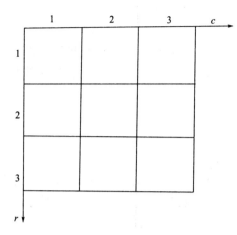

图 5-3 数字图像在 MATLAB 中的像素表示

存储成 200 行、300 列的矩阵。有些图像，如真彩色图像，需要三维数组表示，分别表示红、黄和蓝的颜色强度。

一般来说，MATLAB 存储图像是以矩阵形式存储的。矩阵的元素对应着图像的一个像素。图像被看成离散元素的网格，指标排序是从上到下，从左到右，如图 5-3 所示。

于是像素点和 MATLAB 矩阵元素便构成了一一对应的关系。

另外一种表述图像中位置的方法是使用连续的坐标系而非离散指标。这种表述方式可以将图像看成是一块覆盖在坐标系上的方块。如图 5-4 所示。

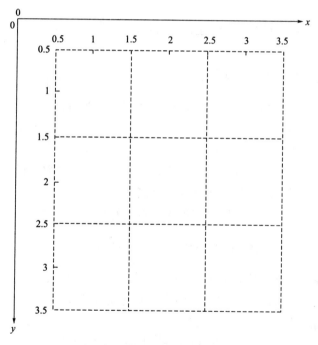

图 5-4 使用坐标系表示图像示意

图 5-4 的坐标系，被称为内在坐标系（Intrinsic Coordinate System）。注意图像的左上角点的坐标是（0.5，0.5），而不是（0，0），右下角的坐标是（"图像列数" ＋0.5，"图像行数" ＋ 0.5）。

其他具体问题请参考有关 MATLAB 图像处理工具箱相关著作，此处从略。

5.2.3　MATLAB 的图像类别

图像处理工具箱定义了如下四类图像：

二值图像（Binary Image）。对应的是一个逻辑数组，元素仅包含数字 0 和 1。

索引图像（Indexed）。用 logical，uint8，uint16，单精度或双精度数组表示，像素值被指向到一个颜色图。该颜色图是一个 m 行 3 列的双精度数组。

灰度图像（Grayscale）。由 uint8，unit16，int16，单精度或双精度类数组表示，对应的像素值描述了该像素点的灰度值。

真彩色或 RGB 图像。由三维数组表示，数组的第一、第二和第三维度，分别表示红色像素、绿色像素和蓝色像素的强度值。

不同类型的图像可以相互转换。表 5-2 列出了部分类型转换 MATLAB 函数。

MATLAB 图像不同类型之间的转换函数表　　　　表 5-2

函数命令	作用
grayslice	灰度图像转化为索引图像，通过设定多层阈值
im2bw	灰度图像转化为二值图像
imbinarize	灰度图像转化为二值图像
mat2gray	数值矩阵转化为灰度图像
rgb2gray	真彩色图像转换为灰度图像

5.2.4　图像的初步处理函数

（1）读入图像函数 imread

基本格式为：变量名＝imread（'图像文件'）

注意该函数输入参数位置图像文件名字要有单引号，文件名字要有扩展名，同时要保证该图像文件在当前文件夹或图像处理工具箱默认文件夹位置内。形如下列格式：

I= imread('pout.tif');

对于索引类别的图像，imread 使用两个变量将索引图像读入工作区：一个是图像本身数据，另一个是与图像数据对应的颜色图。形如下面的格式：

[X,map]= imread('trees.tif');

（2）显示图像函数 imshow

格式为：imshow（图像变量名）

该函数的输入变量为一个图像变量，且保证该变量在 MATLAB 工作区。

如果希望对原始格式大小的图像进行视觉放大，可以采用如下格式：

imshow(图像变量名,'InitialMagnification',A)

其中，A 是一个正实数，将图像缩放到原始图像的 A%。

显示图像到 MATLAB 窗口合适大小，可以采用格式：

imshow(图像变量名,'InitialMagnification','fit')

对于索引类型图像，显示格式为：

imshow(X,map)

X 为图像变量名。

（3）输出图像到文件函数 imwrite

基本格式为：imwrite（图像变量名,'图像文件名'）

其中，图像文件名要包含扩展名，图像文件最终存储到了 MATLAB 当前文件夹（Current Folder）中。

（4）其他常用的初步图像处理函数

其他基本命令，见表 5-3。

图像处理工具箱中图像初步处理函数　　　　　　表 5-3

histeq	通过直方图等值化提升对比度	strel	构建形态分析元素
imwirte	将图像写入并存储到当前目录	imadjust	提升图像对比度
imfinfo	显示图像文件的属性	imhist	显示图像各灰度强度的直方图
imbinarize	将灰度图像变为黑白图像	imresize	图像尺寸重设
imshowpair	同时显示两幅图像	imrotate	图像旋转
imcrop	图像局部截取		

具体调用函数命令的格式，可以在 MATLAB 命令窗口输入：

help 函数名

进行查询。如为了了解函数 histeq 功能及命令格式，可以输入：

helphisteq

然后按 Enter 键，MATLAB 会执行该命令，具体显示此处从略。

（5）像素值的确定

图像工具箱提供了获得某个图像一个或多个像素值的函数，impixel。调用显示命令 imshow 后，再调用 impixel 命令，并赋值给某个变量，然后在图像窗口点击若干感兴趣点，选择想要获得像素值的坐标位置，选定后按回车键，各点的像素值就以矩阵形式存储到该变量中。图 5-5 选定了 9 个像素点，即图中的米字标识点。

选定后，按回车键，命令窗口的显示结果如下：

图 5-5　人群图像像素点的选取示意

```
pixel_value=
    0     0     0
  221   203   227
   42    46    31
   77    64    74
  229   243   254
   74   110   126
  245   240   246
  127   136   133
  226   236   246
```

（6）图像系列的处理

对于村镇人群监控获得的图像，往往不是单个图像文件，需要成批处理。MATLAB 可以成批地对人群文件进行处理。

第一步，建立文件名数组

首先，定位图像文件序列所在的文件夹，如果文件夹处于 MATLAB 的根目录某个树状文件夹中，那么用单引号按照顺序分别标出，如下所示：

```
fileFolder= fullfile(matlabroot,'toolbox','images','imdata');
```

其次，建立一个结构变量，其域包含了序列文件的属性，文件名称具体信息见下面命令的注释部分（％后面的文字部分，％后的内容为注释部分，直到遇到第一个回车符号注释结束）。

dirOutput＝dir（fullfile（fileFolder，'AT3_1m4_ * . tif'））；％定位目标文件夹中系列包括 AT3_1m4_ 的所有 tif 类型的文件

得到结构数组 dirOutput，其中包括变量名域

fileNames＝｛dirOutput. name｝'％输出文件名字

numFrames＝numel（fileNames）

第二步，将图像读入到一个三维数组中。

I＝imread（fileNames｛1｝）；％读入第一个图像

sequence＝zeros（［size（I）numel（fileNames）］, class（I））；

sequence（:,:, 1）＝I；

前两维度表示灰度图像，第三维度的每一页，都表示一幅图像。

forp＝2：numFrames

sequence（:,:, p）＝imread（fileNames｛p｝）；

end

上面一个循环命令组，将序列文件读入到三维数组 sequence 中。于是就可以对相应的图像数据进行处理分析了。亦可以通过统一循环控制命令编写一个脚本文件，对图像数据进行成批处理分析。

（7）使用批处理 App 处理成批图像

在 MATLAB 命令窗口，执行内建函数 image Batch Processor，或者在工具条 Apps 选项中找到 Image Batch Processor 图标，并点击，均可调用图像批处理 App，然后打开一个易于交互的 GUI 界面。

在第一次应用批处理 App 之前，首先需要在 MATLAB 当前文件夹建立一个用于存储图像文件的文件夹，然后把要处理的成批文件导入到新建的文件夹中，再通过调用图像批处理 App，进行相关处理。在 MATLAB 命令窗口运行 cd，就可以看到当前工作区的文件夹位置，如下所示。

```
> > cd
```

```
C:\Users\zhaif\Documents\MATLAB
```

具体运行上述命令会因当前工作目录的位置不同而不同，且当前工作目录可以修改。

为存储获得的人群相关图像，建议建立专门的文件夹存储需要处理、分析的图像。建立新目录的函数为（文件夹的名字这里设定的是 myimg）：

```
mkdir('myimg');
```

在 MATLAB 窗口立刻发现，当前目录增加了一个文件夹 myimg。

其次，把存储原始图像的文件夹内的系列图像文件复制到刚刚建立的文件夹 myimg 中。比如把格式为 tif，文件名前几个字符为 Crowd 的若干图像（确认要复制的文件在下面指定的路径中）复制到文件夹 myimg，可运行如下命令：

```
>> copyfile(fullfile(matlabroot,'toolbox','images','imda-
ta','Crowd* ',),'myimg')
```

再调用批处理 App 进行相关处理。

图像处理完毕，在 App 工具栏上点击 Export 按钮，就可以把处理完毕的图像放在工作区，或放在一个文件内。

5.2.5 图像的滤波

用于监控公共区域的图像，有时候由于气候、光线、灰尘及摄像头聚焦偶尔失灵等原因，会导致图形模糊，出现噪声背景或几何畸变等情形。此外，获取的人群图像等信息，会由于人与人之间的交叠、服饰及携带物品颜色或形状相近，而导致计算机识别困难。因此，为便于从图像文件中提取人群图像信息，需要对获取的图像进行预处理。在此基础上，结合 MATLAB 其他算法、机器学习等技术，获取人群数量识别能力。

由于图像在采集、传输等过程中存在各种原因，造成的数字图像受到多种噪声污染，影响了图像质量。清除被污染的噪声，就是图像滤波的主要目的。

滤波是修正或增强图像的一个技术，结合实际需要，可以强调一些特征，或移除其他特征，包括平滑、尖锐或边界强调等。

在图像处理工具箱中，滤波函数是 imfilter。

对图像进行滤波操作，首先定义一个滤波器，即一个矩阵 h。若图像对应的矩阵为 A，则滤波的函数格式为：

```
imfilter(A,h)
```

如果滤波器使用卷积运算，则增加第三个函数输入参数，如下所示：

```
imfilter(A,h,'conv')
```

在实际处理中，通常用预设滤波器的方法。可以使用函数 fspecial 生成一个滤波器。函数 fspecial 可以产生若干种预设的滤波器，以相关核的形式。

下面例子选用的是 unsharpmasking 滤波器，它作用在灰度图像上，可以使得细节和边界更加清晰。

```
I= imread('moon.tif');% 读入图像(内建的图像)
h= fspecial('unsharp');% 使用 fspecial 命令建立滤波器
I2= imfilter(I,h);% 进行滤波操作

imshowpair(I,I2,'montage')   % 同时显示原始和滤波后的图像
```

```
title('Original Image                    Filtered Image')
```
显示的灰度图像滤波前后的对比，如图 5-6 所示。

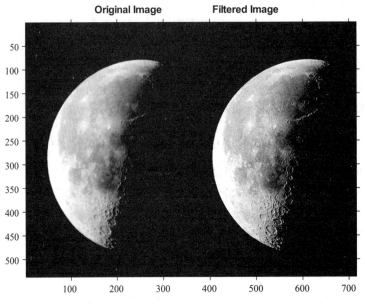

图 5-6   灰度图像的滤波操作前后对比

5.2.6   形态学操作

形态学在图像处理上，指的是依据目标的形状进行的相关操作。形态学操作首先应用一个结构化元素（Structuring Element，SE）到输入的图像，然后生成一个同样大小的输出图像。

其中，最为基本的形态学操作为膨胀和腐蚀。膨胀操作增加对象的边界像素点，而腐蚀则是移去对象边界的点。变化的程度依赖于结构化元素 SE。其中，结构化元素是一个矩阵，用以确定图像中的像素点，同时定义每个像素的分析邻域。

膨胀和腐蚀的规则，见表 5-4。

对图像进行膨胀和腐蚀的机理说明表		表 5-4
膨胀	输出像素的值取输入像素邻域中的像素的最大值。若图像是一个二值图像，某个像素的邻域中的像素只要有一个值为 1，则对应的输出像素值设定为 1	
腐蚀	输出像素的值取输入像素邻域中的像素的最小值。若图像是一个二值图像，某个像素的邻域中的像素若有一个为 0，则对应的输出像素值设定为 0	

膨胀和腐蚀操作中，最基础的部分是结构元素的确定。所谓结构元素，是一

个仅由 0 和 1 构成的矩阵，结合要研究的问题，可以是任意形状、任意大小。具有值 1 的像素定义了邻域。

对于二维矩阵，或者是一个平面，结构元素通常比要处理的图像要小得多。结构元素的中心像素，通常被称为原点，确定了感兴趣的像素，即要处理的像素。在结构元素中取值为 1 的那些像素定义了结构像素的邻域。

膨胀和腐蚀函数接受结构元素对象，被称为 STRELs，可以通过 MATLAB 函数 strel 建立任意大小和形状的 STRELs。函数命令 strel 也可以引用内建的形状，如直线（Line）、钻石（Diamond）、圆盘（Disk）或正方形（Square）等。

（1）膨胀

在图像处理工具箱中，膨胀的命令是：

`I2= imdilate(I,SE)`% 确认要处理的图像在 MATLAB 工作区

其中第二输入参数 SE，可结合实际情况进行定义。比如可以定义为：

`SE= strel('square',3)`

表明结构化元素是正方形，3 表示 SE 的大小。

（2）腐蚀

腐蚀的命令是 imerode。格式与膨胀类似，同样需要定义结构化元素 SE。腐蚀的命令是：

`I3= imerode(I,SE)`

（3）基于膨胀和腐蚀复合的相关形态学操作函数

针对人群图像的识别，可以将膨胀操作和腐蚀操作结合起来进行。比如，形态学开运算就是腐蚀和膨胀操作的结合，首先对图像进行腐蚀操作，排除外界物体的干扰，突出人体的主干。然后进行膨胀操作，补齐被挖掉的部分。获得人群对应的像素面积，从而估计人群密度。

开运算可用数学表达式标识为：

`open(src,SE)= dilate(erode(src,SE),SE)`

除了开运算，还有闭运算。它与开运算相反，是先膨胀，后腐蚀。可表示为如下形式：

`close(src,SE)= erode(dilate(src,SE),SE)`

此外，还有"形态学梯度"、"顶帽"和"黑帽"等。可结合具体需要进行选择，确定最为合适的形态学操作运算。

基于膨胀和腐蚀的相关图像处理函数及其含义，见表 5-5。

（4）寻求图像的峰和谷

一个灰度图像，可被看成三维矩阵：x 坐标和 y 坐标代表像素的位置，z 坐标代表每个像素的强度。那么图像的高强度和低强度区域，类似地形学的峰和谷区域，往往反映了图像重要的形态学特征。

基于膨胀和腐蚀的相关函数及其含义   表 5-5

函数命令	作用
bwhitmiss	一个图像的逻辑和,用一个结构化元素腐蚀,再加上图像用第二个结构化元素腐蚀的部分
imbothat	从形态闭操作的图像中减去原始图像,用于发现图像纹理丰富部分
imclose	形态学闭运算
imopen	形态学开运算
imtophat	从原始图像中减去形态学开运算的图像,用于增强图像的对比度
bwmorph	"骨骼化"图像结构,即减少所有对象直到形成若干线条,同时不改变图像的基本结构
bwperim	确定黑白图像的像素点外围线条

人群密度测定可以利用寻求人群图像的峰和谷去表述。普通的图像物体的识别,若彼此互不重叠,可以相对容易识别,但对于人群比较稠密的图像,人群数量计数会用其他复杂方法,且很难保证识别的精度。但如果用高处摄像头瞄准人的头部区域,由于拥挤只是身体拥挤而头部还是彼此不连通的,考虑到头部与身体其他区域的明显形态学区别,这样通过识别相关头部的数量即可估计某区域人群的密度。

图像处理工具箱中,函数 imregionalmax 和 imregionalmin 确定所有的局部极大区域和极小区域。imextendedmax 和 imextendedmin 确定的则是比周围区域大于或小于一个指定临界值的局部极大区域或极小区域。这些函数输入为一个灰度图像,返回的是一个二值图像,即局部极小或极大区域的像素点设定为 1,其他区域的像素点设定为 0。

从图像智能分析角度,有时候更关注具有显著性的极值区域,而不是由于背景纹理等导致的比较狭小区域的极小或极大区域。为移除这些非显著极值区域,同时保留显著的极值区域,可以通过 imhmax 或 imhmin 函数实现。这两个函数需要描述一个比较准则或临界值水平 h,将像素强度值高于 h 或低于 h 的部分进行强度压缩处理。

（5）洪水填充

主要作用于二值图像或灰度图像。函数为 imfill。如果用于填充圆环区域中的孔洞,则可以用如下命令:

```
Ifill= imfill(I,'holes');
```

5.2.7　图像的分析与增强

（1）图像数据等高线绘制

图像等高线是彼此像素强度均相等的像素点的连线,在 MATLAB 的函数命令为 imcontour,函数输入图像为灰度图像。若要对等高线的值进行标记,则使用函数 clabel。

这里以图 5-5 的图像识别作为说明。首先，将彩色图像转化为灰度图像，命令为：

```
I1= rgb2gray(I);
```

运行如下命令：

```
figure;
```

```
imcontour(I1,5)
```

得到图像如图 5-7 所示。

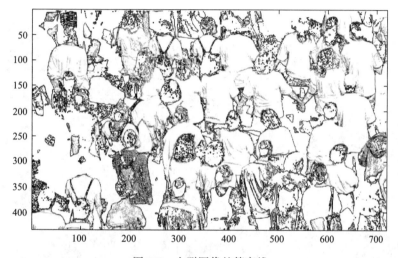

图 5-7　人群图像的等高线

结合人群密度识别，若对图像进行填充、膨胀，通过密度识别建模，为下一步密度辨识工作提供备选图像处理方案。

（2）纹理分析

纹理分析可分析图像中物体诸如粗糙、平滑、突兀等特征，它通过像素强度在空间的变化情况获得纹理的变化。如果图像中的物体某些属性更多的是由纹理特征而不是强度特征来决定，那么就可以通过对图像的纹理分析，获得某些属性的推测。

常用的纹理分析函数及其作用，见表 5-6。

纹理分析常用函数及其作用　　　　　　　　　　　　　表 5-6

函数命令	作用
rangefilt	计算图像的局部极差
stdfilt	计算图像的局部标准差
entropyfilt	计算灰度图像的局部熵

图 5-5 的人群图像，灰度化后，计算其局部极差，并显示局部极差图像，可进行如下操作：

```
K= rangefilt(I);
figure
imshow(K)
```

从图 5-8 中，可以很容易地看出人的上身躯干部位，彼此重叠的人极差图像边界更加明显。通过人数与最亮部分边界的长度关系，通过大量图像的统计分析，可从其中一个维度特征描述人群的密度。

图 5-8　人群图像极差处理后的图像

（3）图像的去相关拉伸（Decorrelation Stretching）

图像的去相关拉伸，可以增强一幅图像颜色区分度，从而使得图像物体主要特征更容易区分。MATLAB 命令为 decorrstretch。

以图 5-5 为例，进行去相关拉伸后，图像如图 5-9 所示。

图 5-9 与图 5-5 相比，由于背景、服饰等形成的颜色重叠，更容易区分。三原色的区分度，变化前和变化后的散点图，如图 5-10、图 5-11 所示。可以看到，去相关拉伸变换后，图像的不同颜色区分度变得更大，体现出三色的离散度变大。

（4）噪声清除

由于光线、信号干扰等原因，图像有时候会有噪声出现。图像处理工具箱提供了三种去除噪声的函数：使用线性滤波器去除；使用均值滤波器和中位数滤波器；使用自适应滤波器。

图 5-9　图像去相关拉伸处理后的图像

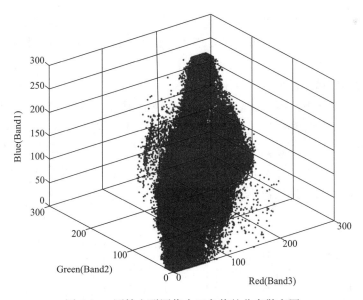

图 5-10　原始人群图像中三色值的分布散点图

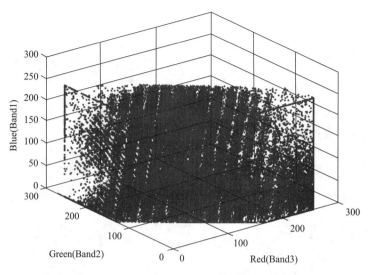

图 5-11　去相关拉伸变换后三色值的分布散点图

5.3　基于图像处理工具箱的人群密度识别设计

5.3.1　稀疏人群密度的识别

稀疏条件下人群密度的识别，其算法流程大致为；首先分析获取的图像信息，然后抽象出背景信息，并根据之前无人背景信息进行比较，获得纯前景（人群）图像。然后考虑到人是一个连通的图形，通过对不同连通区域的识别，分析彼此不连通的区域，从而获得人群的密度。

人群稀疏情况下，行为学表明，陌生人彼此距离会自然分离；结伴而行的人群，虽然有时候会出现交叠，但多数是二人交叠，且可通过腐蚀操作，选取合适大小的结构化元素，去掉交叠区域，从而形成独立封闭区域；对于身体距离较近的人群，可通过附加特征判断（如封闭区域周长与面积之比），判断局部封闭区域人数。

稀疏人群密度识别的流程如图 5-12 所示。

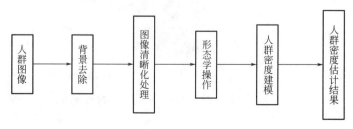

图 5-12　稀疏人群密度识别流程

图 5-13 是一幅来自百度的稀疏人群图像。

图 5-13　稀疏人群图像

转化为灰度图像，背景经过反转变成纯黑，得到图像，有关函数调用如下所示。

```
I1= rgb2gray(I);
I2= 255-I1;
```

去掉前景的物体，采用形态学开运算，移除那些部分（要识别的物体），其中的结构要素（Structuring Element）的形状为原盘，半径为 300，留下的就是模拟背景信息：

```
bkgrnd= imopen(I2,strel('disk',300));
```

最终得到突出人群信息的灰度图像，如图 5-14 所示。

图 5-14　初步处理后的人群灰度图像

建立一个二值图，函数 graythresh 自动确定基于全局的临界值：

level= graythresh(I2);

bw= im2bw(I2,level);

得到如图 5-15 所示的二值图像。

图 5-15　人群图像处理后生成的二值图像

对图 5-15 的图像移除噪点。移除二值图像噪点的函数为 bwareaopen，有两个输入参量，第一个是二值图像变量名，第二个是正整数。若图像中连通的区域含有的像素个数小于这个整数，则被移除。将移除噪点的图像名称记为 BW2。

确定二值图像的连通区域及相关属性，进行运行如下命令：

cc= bwconncomp(BW2,4)

得到结构变量 cc 在各域段下的属性：

cc=

Connectivity: 4

　　ImageSize: [561 1040]

　NumObjects: 22

PixelIdxList: {1×19 cell}

连通的区域为 22 个，表明人群总共有 22 人。人数除以图像对应实际空间的面积，就得到了监控地的人群密度。

若有人群交叠现象，可考虑增加图像单个物体周长与面积的比值，通过调用相关图像处理工具箱程序，即可将彼此重叠的人群（彼此连通但却为 2 或 3 人的对象）正确识别为多人。于是通过机器学习或统计分析，得出人群密度识别。

5.3.2　拥挤状态下人群密度的识别

若人群图像出现了人与人彼此交叠，处于相对拥挤状态，则通过图像工具箱的各种特征参数提取，通过大量图像样本，获得图像的估计。

以图 5-16 人群图像的人群密度识别为例进行说明，希望将穿白色上衣的人群数量识别出来。

图 5-16　拥挤状态下的人群图像

在 MATLAB 上读入该图像，变量名为 A。通过函数 rgb2gray，将该图像转换成灰度图像，变量名为 Agray。

为获得人群识别模型，可通过计算图像的傅里叶变换、局部极差、局部极值、局部熵、其他纹理特征等，抽取其图像特征。这里采用 Gabor 滤波器方法，将穿白色上衣的人群目标和图像的其他部分分割开来。

在 MATLAB 上实现的步骤如下：

（1）设计 Gabor 过滤器

```
imageSize= size(A);
numRows= imageSize(1);
numCols= imageSize(2);

wavelengthMin= 4/sqrt(2);
 wavelengthMax= hypot(numRows,numCols);
n= floor(log2(wavelengthMax/wavelengthMin));
wavelength= 2.^(0:(n-2))* wavelengthMin;
deltaTheta= 45;
```

```
orientation= 0:deltaTheta:(180-deltaTheta);
g= gabor(wavelength,orientation);
```

（2）从源图像中解压 Gabor 振幅

从源图像中解压 Gabor 振幅，主要用于对图像进行分类。在 MATLAB 可通过下列命令实现：

```
gabormag= imgaborfilt(Agray,g);
```

（3）对图像系列进行高斯平滑滤波

通过写一段脚本文件，实现对若干图像系列进行高斯平滑滤波操作，具体通过如下系列命令实现：

```
for i= 1:length(g)
sigma= 0.5* g(i).Wavelength;
K= 3;
gabormag(:,:,i)= imgaussfilt(gabormag(:,:,i),K* sigma);
end

X= 1:numCols;
Y= 1:numRows;
[X,Y]= meshgrid(X,Y);
featureSet= cat(3,gabormag,X);
featureSet= cat(3,featureSet,Y);

numPoints= numRows* numCols;
X= reshape(featureSet,numRows* numCols,[]);
```

（4）特征的规范化

对三维数组 X，进行规范化，即变化为均值为 0、方差为 1 的变量。

```
X= bsxfun(@ minus,X,mean(X));
X= bsxfun(@ rdivide,X,std(X));
```

Gabor 振幅特征由 26 个维度的向量表述，对每个像素的 26-D 表述特征进行主成分分析，其中前两个特征 2D，可在二维图像上可视化，如图 5-17 所示。通过下列命令实现：

```
coeff= pca(X);
feature2DImage= reshape(X* coeff(:,1),numRows,numCols);
figure
imshow(feature2DImage,[])
```

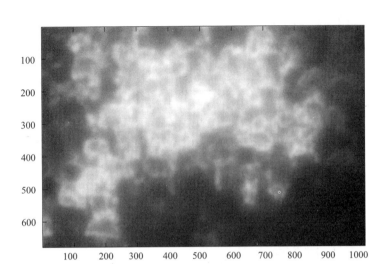

图 5-17　Gabor 振幅特征的可视化

使用 k-means 方法，对 Gabor 纹理特征进行分类，重复 k-means 分类五次（避免局部极小值点）。同时，调用 label2rgb 函数，可将分类（待识别目标和背景）进行可视化。如图 5-18 所示。

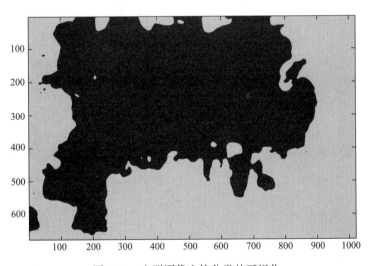

图 5-18　人群图像主体分类的可视化

计算图形的面积，并结合有教师示范的人数，即可获得人群密度的估计。

若在实际中获得大量的人群数量样本，结合 MATLAB 统计及机器学习工具箱、神经网络工具箱等，可建立机器学习模型。达到符合精度要求后，即可用于人群密度的估计分析。

其原理如图 5-19 所示。

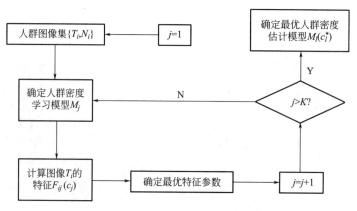

图 5-19　基于图像特征提取的机器学习示意

参 考 文 献

［1］杨高波，杜青松. MATLAB 图像/视频处理应用及实例. 北京：电子工业出版社，2010.

第 6 章　村镇人群应急疏散仿真模型

6.1　元胞自动机的基本理论和特点

6.1.1　元胞自动机的基本理论

元胞自动机是定义在一个由具有离散、有限状态的元胞组成的元胞空间上，并按照一定局部规则，在离散的时间维上演化的动力学系统[1]。元胞、元胞空间、邻居和规则是它的四个基本组成单位。

元胞是元胞自动机最基本的组成部件，它分布在均匀维度空间的网格中。每个元胞都有一个或多个状态，这些状态都是某个有限状态集中的一个，比如"占据，空置"，"少年，青年，老年"等。元胞所在的均匀网格的集合叫作元胞空间。常见的元胞空间有三角形、矩形和六边形三种[2]，如图 6-1 所示。

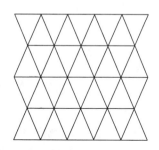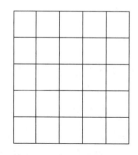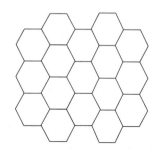

图 6-1　三种典型元胞形状

每个元胞 t 时刻的状态，由且仅由 $t-1$ 时刻元胞本身及其邻居的状态决定，而具体决定方式的集合就是规则。

元胞自动机中，仿真的结果很大程度上受到邻居个数和分布设定的影响。常见的邻居类型有 Von Neumann 型、Moore 型和扩展的 Moore 型[3] 三种，如图 6-2 所示。

6.1.2　元胞自动机的特点

（1）所有元胞状态更新均同步进行，且服从相同的变化规则。

（2）元胞的状态在有限的状态集中选取，元胞在均匀离散的空间分布，元胞更新的时间点均为与步长有关的离散时间点。因此，元胞自动机具有时间离散、空间离散、状态离散的性质。

（3）每个元胞 t 时刻的状态，由且仅由 $t-1$ 时刻元胞本身及其邻居的状态决定，具有局限性。

（4）因为元胞及其变化统一齐整，非常适用于计算机并行计算。

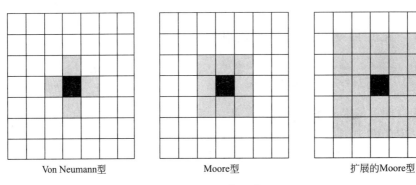

Von Neumann型　　　　　　Moore型　　　　　　扩展的Moore型

图 6-2　常见邻居类型图

6.2　人群疏散实验及结果分析

6.2.1　实验设计

2016 年 6 月 19 日在某高校教室内进行了人群疏散实验。

实验区域在一间大教室的中间部分，整体区域长 7m，宽 6m。实验区域内地面，将长和宽都以 0.5m 为单位进行分割，将整个区域划分为 12×14 个 0.5m×0.5m 的方形单元，并依次标上编号。如图 6-3 所示。同时在实验区域内部，利用教室出口，采用拉带隔离出一个疏散通道。通道长 3.5m。在实验中，通道宽度可以改变。由于教室出口是双开门，每扇门宽 0.7m，整体门宽 1.4m，因此设置了三种出口宽度：①大出口，即两门齐开，宽 1.4m（下文中用 L1 代替）；②中出口，两门齐开，但利用通道，隔出相当于门三分之二的出口，宽约 1m（下文中用 L2 代替）；③小出口，只开一扇门，宽约 0.7m（下文中用 L3 代替）。疏散通道的宽度也随着出口宽度的变化而变化。在实验区域内，正对出口及出口处侧面设置两台摄像机，以记录疏散的全过程。

参加实验的同学共 37 名，其中男生 29 名，女生 8 名。

实验开始前，所有同学先熟悉疏散及计时的过程：每名同学在区域内任意站立，实验组织者发出疏散指令，同学们开始利用手机进行计时。经过通道离开出口的瞬间，停止计时。通过三次演练，比较同学们的记录时间，发现计时数据一

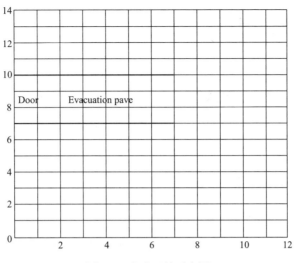

图 6-3 实验区域示意图

致性较好，满足实验要求。

实验中，每次疏散，同学们都被要求在实验区域内随机站立，手持手机，做好计时准备。当听到疏散口令时，立即从所站立的地方走向通道口，经由通道疏散到出口外面。在离开教室出口那一刻停止计时。每次疏散结束后，同学们都被要求记录本次的疏散时间及疏散前的站立位置坐标。之后，返回疏散实验区域，等待下一次疏散实验开始。

L1、L2、L3 三种宽度的通道都实验多次，并记录取其平均值。

6.2.2 实验观察结果

在实验中，疏散开始后，同学们都从所在地点尽快赶往通道入口处，但由于实验场地限制，为了抢先靠近通道入口，同学之间会有竞争和冲突。当通道入口处形成拥堵时，也有同学不选择最直接路径，而是选择绕行，从外围取道，尽快靠近通道入口。在疏散过程中，可以发现同学行走路线有聚集倾向，说明人群有一定从众心理。但当同学对疏散场地有一定了解，若干次疏散实验后，选择的路径有一定的趋同性，也就是说路径选择具有一定的惯性。

将不同宽度通道的平均疏散时间与最长最短疏散时间进行比较，见表 6-1。

不同宽度疏散通道下疏散时间比较 表 6-1

疏散通道宽度	L1	L2	L3
最短疏散时间(s)	2.07	3.12	2.99
最长疏散时间(s)	15.59	16.01	22.24
平均疏散时间(s)	9.04	9.04	11.41

6.2.3 实验中观察到的人群疏散行为及心理分析

应急疏散时，周围环境中的声音、光线、温度、气味、烟雾等都会刺激人的感官，影响人的认知功能。在这种情况下，人的情绪和心理状况会与正常时有很大差别，严重时会使人思维迟钝，视力听力下降，甚至做出一些十分错误的决策，极大地影响人群安全快速疏散。

人群疏散时典型的心理表现有：

（1）恐惧心理

恐惧，是一种人类及生物心理活动状态；通常称为情绪的一种。恐惧是指人们在面临某种危险情境，企图摆脱而又无能为力时所产生的担惊受怕的一种强烈压抑情绪体验。

人群在遭遇应急情况时，由于对疏散场所地形的不熟悉，缺乏安全疏散的知识技能和演习经历，会对逃生感到无力，进而产生恐惧心理。具体表现为哭泣尖叫、大脑空白、肌肉抽搐甚至昏厥等。

（2）惊慌心理

惊慌心理是人们在特定环境条件下，由于焦虑、急躁等因素诱导引起的。人群在遭遇应急情况时，没有足够的心理准备，随着疏散过程的推进，场所中安全的空间和可疏散时间不断缩减，人群的心理压力愈加沉重，紧张焦虑情绪进而发展成为惊慌心理。惊慌心理能使人的逻辑思维和决策能力显著下降，做出一些不合常理十分危险的举动。

（3）从众心理

在疏散的压力和群体的影响下，个体不再坚持己见，希望通过跟随他人行动离开当前环境的心理。具体的表现有趋向于选择多数人选择的疏散路线，跟随着大股人流行进，向人多的地方行进等。

人群疏散时的常见行为有：

（1）争先行为

受到疏散过程紧张氛围的刺激，人群各主体都希望能够快速脱离险境，疏散通道有限的疏散能力与单位时间内过量人群的疏散欲望存在矛盾，导致人群出现抢行争先、推搡拥挤等行为。这些行为极易造成人群在楼梯口、进出口、坡度有较大变化处发生拥挤踩踏事故，造成严重的人员伤亡。

（2）惯性行为

当疏散人员对疏散环境比较熟悉时，其往往会不假思索地选择自己平时经常使用的疏散路径和出口，而不对周围的环境进行过多的观察和思考进而作出决策的行为称作惯性行为。这种行为有利有弊，一些时候能够节省脱离时间，达到高效安全疏散的结果；而另一些时候疏散者则会因思维的僵化而失去灵活应变的能

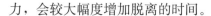

力，会较大幅度增加脱离的时间。

（3）躲避行为

人有着趋利避害的本能，当疏散路径中出现烟雾、火灾、踩踏等危险区域时，人群本能地会避开这些区域，采取绕路甚至原路返回的行为。一些火灾逃生的案例表明，不恰当的躲避行为会使得人员难以逃生。

（4）就近行为

在收到疏散信号后，人群常常会选择从最近的出口、通道或者楼梯进行疏散，这种行为有时能大大缩短疏散所需时间，但当就近的疏散路径被烟、火阻挡或发生物理破坏时，人群往往会惊慌失措，可能会丧失重新寻找疏散出口的能力和时机。此外，就近行为也非常容易造成大量人员拥挤在某一个或几个疏散通道口，使得疏散资源不能被充分利用，大幅延长整体疏散时间的同时，其可能发生的拥挤踩踏事故加剧了疏散过程的危险性。

6.3　人群疏散元胞自动机模型

6.3.1　人群疏散元胞自动机模型的参数设置

通过前文的分析，利用元胞自动机模型模拟疏散过程。具体来说，先通过参数尽量还原疏散中的人群影响因素，再利用元胞自动机理论将这些因素整合起来，模拟疏散过程，分析整体影响。

模型的基本参数设置如下：

（1）单元格。是地形的抽象化表达，通过元胞在单元格之间的移动来模拟行人的移动。

1）每个单元格的尺寸为 0.5m×0.5m；

2）每个单元格都具有属性，主要有占据值、优先级、坐标值、边界属性等。

（2）占据值。单元格未被人或者障碍物占据，其占据值为 0，反之为 1。长期固定的障碍物或者不可移动的单元格取值大于 1。当单元格取值不为 0 时，行人无法到达此单元格。

（3）优先级。优先级 P 用于描述行人倾向于选择最近出口的行为。在二维元胞空间中，每个元胞 I_i 均有坐标值（x_{Ii}，y_{Ii}），出口 J_i 有坐标值（x_{Ji}，y_{Ji}），坐标值以形心坐标计。疏散空间中的每个元胞均有优先级 $P \in [0，1]$，出口的优先级数值取 1，元胞的优先级计算公式为

$$P_{Ii} = \frac{\sqrt{(x_{Ii^*} - x_{Ji^*})^2 + (y_{Ii} - y_{Ji^*})^2} - \sqrt{(x_{Ii} - x_{Ji^*})^2 + (y_{Ii} - y_{Ji^*})^2}}{\sqrt{(x_{Ii^*} - x_{Ji^*})^2 + (y_{Ii} - y_{Ji^*})^2}}$$

(6-1)

其中，$J_i *$ 为满足 $\min\sqrt{(x_{I_i}-x_{J_i})^2+(y_{I_i}-y_{J_i})^2}$ 的出口，$I_i *$ 为到 $J_i *$ 距离最远的元胞，人群前进总是从优先级小的位置前往优先级大的位置。

（4）拥堵值。拥堵值 $T_{J_i}(I_i)$ 用于描述行人所在位置到目标出口路径上的拥堵情况，由出口拥堵值和行动拥堵值两方面构成。拥堵值由式（6-2）确定：

$$T_{J_i}(I_i)=f_1+f_2 \tag{6-2}$$

其中，f_1 表示出口拥堵值。如图 6-4 所示，出口 J_i 前人群形成了扇形拥堵面，此时令 $f_1=\dfrac{S_{sec}}{S_{rec}}$，其中 S_{sec} 为出口附近人群密度大于 2 人/m^2 的人群所占元胞面积，S_{rec} 为近似扇形边缘切线形成的长方形面积。

f_2 表示行动拥堵值。如图 6-5 所示，出发点位于 I_i，其朝向出口 J_i 方向上周围黑色 19 个元胞邻域坐标集为 A。令有人占据，或障碍物占元胞 1/2 以上面积的元胞取值为 1，无人占据的元胞取值为 0，a 为集合 A 中所有数值为 1 元胞的代数和，则 $f_2=a/19$。结合实际情况，本文仅考虑向出口处前进或横向移动，不考虑后退移动，因此邻域仅为图 6-5 所示的 19 个元胞。

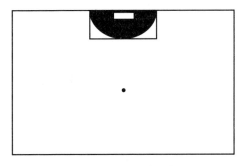

图 6-4　出口拥堵值示意图

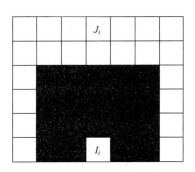

图 6-5　行动拥堵值示意图

（5）从众值 C_{on}。描述当行动者对疏散环境熟悉度程度低，对于突发情况惊慌失措失去理性判断能力下，跟随周围人员运动的情况。每个元胞的从众值 C_{on} 会随着疏散活动的进行动态更新，疏散人员经过元胞，其从众值会增加；人员离开时，其从众值会衰减。

具体计算规则如下：

1）模型运行初始，$C_{on}(I_i)=0$。

2）上一回合有人经过 I_i，从众值增加 $\Delta C_{on}=1$。

3）人员离开 I_i，从众值以系数 $\eta=0.5$ 衰减。

4）令 $F_{am}\in[1,2,3,4,\infty]$ 表示行动者对于疏散环境的熟悉程度，1 熟悉程度最低，表示行动者可能是第一次来；∞ 熟悉程度最高，表示行动者对疏散通道、出入口情况极为熟悉。

5）令 $P_{an} \in [1, 2, 3, 4, \infty]$ 表示行动者在模型运行开始时的惊慌失措程度，1 表示极度恐慌，完全丧失理性判断能力；∞ 表示非常镇静，完全根据所获取的信息进行理性判断。计算公式如：

$$C_{on}(I_i) = 1/F_{am} \times 1/P_{an} \times (\eta C_{on}^{t-1}(I_i) + \Delta C_{on}) \tag{6-3}$$

（6）惯性值 I_{ne} 用于描述应急疏散中人群的惯性行为。当行动者对环境比较熟悉，活动路线比较规律，在突发情况比较紧张的情绪下，不会过多地考虑通道的选择，一般会选择自己平时经常使用的通道进行疏散，这种行为我们称之为惯性行为。

如图 6-6 所示，行动者熟悉的出口 J_i，行动者将更倾向于走能够更快接近 J_i 的邻域。图中 I_i 与 1 号元胞形心连线在 I_i-J_i 连线上的投影长度为 1 号元胞的惯性值。其余元胞的惯性值同理可得。

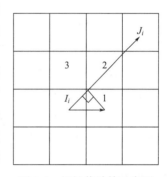

（7）危险值 D_{an}。对于火灾、洪水、人群踩踏等突发事件，危险的元胞点会随着时间向周围扩散，初始状态下不在危险区域内的元胞点，邻域中危险度高的元胞点个数越多，则下一时间步长内危险度变高的概率就越大。危险值 D_{an} 用于描述这些情况。

图 6-6　惯性值计算示意图

疏散人群会尽可能远离危险度高的元胞点，同时也无法经过被障碍物占据的元胞点。可达性 R_{ec} 用于描述这些情况。令初始时，元胞点着火、水淹或发生踩踏的计数值为 1，反之取 0，I_i 元胞点上一时间步长周围 8 个邻域共有 $f_3 = \sum_{n=1}^{8} D_{an}^{t-1}$ 个危险点。$D_{an}(I_i)$ 取值情况见表 6-2。

$D_{an}(I_i)$ 元胞取值计算 　　　　　　　　　　　　　　　　　表 6-2

初始情况	取值计算
危险	1
安全	$\delta f_3/8$，δ 表示扩散系数

（8）指令值 O_{rd}。当官方进行疏导时，行动者一般会遵循疏导人所指明的方向进行疏散，指令值用于描述该种行为，计算规则在上文惯性值的基础上乘以一个系数 α，当有官方指导时取值 1，无取 0。

（9）吸引力值 A_{tt}。描述主体到达该元胞点的意愿，由元胞点和主体的相关参数综合确定。某元胞吸引力值越大，主体越倾向于选择到达该元胞点。模型每一轮运行，都要计算主体附近 8 个领域的吸引力值，主体根据吸引力值由高到低地选择下一步移动的目标点，其具体计算方法见下文算例。

（10）竞争力值 C_{omp}。描述主体在发生目标点冲突时优先到达目标点的能力。个体的竞争力值越大，越容易在冲突中胜出到达目标点。

当吸引力值计算过后，各主体选择下一步目标点时，不可避免会存在多个主体选择同一个目标元胞的情况，此时竞争力值 C_{omp} 将参与确定到达元胞的主体人选。当竞争力值相差过大时，竞争力值高的个体将成功到达目标元胞，失败者将重新选择目标点；当竞争力值相差不大时，将采用随机抽取的方法确定成功到达者，失败者重新选择目标点。

6.3.2 人群疏散元胞自动机模型的运行

1. 模型的运行规则及流程图

模型的运行规则如下所述，对应的流程如图 6-7 所示。

（1）模型定义在二维平面上，采用正方形 0.5m×0.5m 尺寸元胞。每个元胞仅能被一人或障碍物占据。

（2）行人的行进采用回合制，每一回合所有行人统一行动，朝邻居元胞行动一格，行人速度统一取 1m/s，回合周期 T 为 0.5s。

（3）邻居采用 Moore 型，每一回合开始时需要计算所有邻居元胞的吸引力值，吸引力值描述行人对于达到元胞的期望程度，由 6.3.1 中的因素按公式计算确定。行人会根据吸引力值由高到低地选择下一步方位。

（4）每一位行人都具有竞争力值，竞争力值描述行人在下一步目标方位相同时顺利到达目标点的能力，竞争力值越大的越有可能优先到达目标点。竞争力值的决定因素和计算公式将在下文介绍。

（5）在下一步目标方位相同、多个行人竞争同一目标元胞时，如果竞争力值相差超过规定范围，竞争力值大的个体将到达目标点；但如果竞争力值相差较小，在规定范围内，则采用随机抽取的方式确定到达目标点的个体。

（6）到达目标点失败的行人，将选择邻居中吸引力排第二的元胞作为目标点，若继续失败则选择第三吸引力元胞，如此循环，直到其到达下一步。

（7）仿真系统的演化将根据需要停止，一般情况下当检测到疏散空间中没有行人时演化终止。

2. 模型算例分析

如图 6-8 所示，疏散区域为 30×38 格的矩形二维空间。该区域共有左侧 J_1 和上方 J_2 两个出口，出口均占据 4 个元胞，代表宽度为 2m。圆圈代表行人，图中所示的为最初空间中的行人分布情况。甲和乙为算例的两个主体，甲的邻域有 A、B、C、D、E、F、G、H，乙的邻域有 D、E、I、J、K、L、M、N。

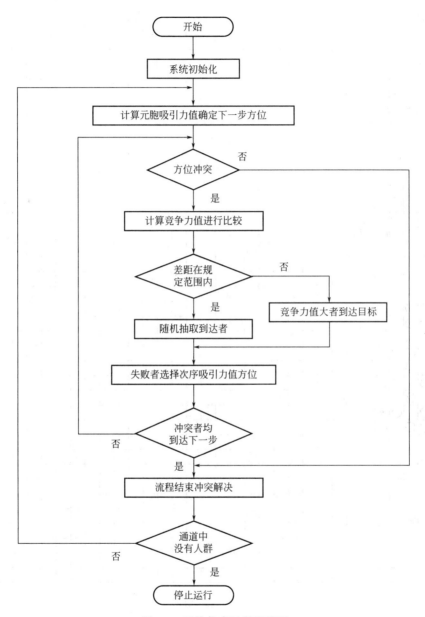

图 6-7　系统仿真运行流程图

甲对疏散环境比较熟悉，其 F_{am} 取 3，有常用的出口 J_1，在疏散发生时比较镇静，其 P_{an} 取 4。

乙对疏散环境陌生，F_{am} 取 1 最低值，且无常用出口，在疏散发生时感到恐慌，其 P_{an} 取值为 2。本算例不考虑危险值，现在仿真系统开始运行：

（1）计算优先级 PI_i（以 A 点为例）

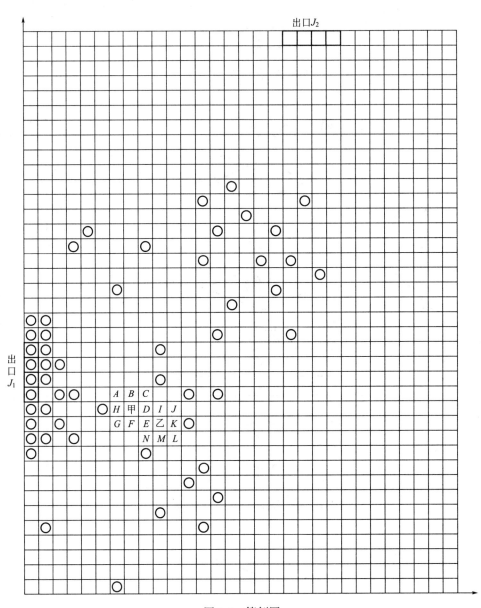

图 6-8　算例图

$$P_A=\frac{\sqrt{29.5^2+(37.5-15)^2}-\sqrt{6.5^2+(13.5-15)^2}}{\sqrt{29.5^2+(37.5-15)^2}}=0.820$$

同理，能算出其他点的优先级，具体过程不再赘述，计算结果见后文表6-3，下同。

（2）计算拥堵值 $TJ_i(I_i)$

$T_{J_1}(甲)=\dfrac{17}{40}+\dfrac{1}{19}>T_{J_2}(甲)=0+\dfrac{2}{19}$，因此，甲判断去 J_1 出口的拥堵程度

大于去 J_2 出口，从而在这项指标上更倾向于前往拥堵程度相对小的 J_2 出口。那么能够使得甲和 J_2 距离缩短的邻域将成为甲下一步的目标。甲与 J_2 之间的距离 $L_{甲-J_2}=28.400$。

令 $T_{J_2甲}^*(I_i)=\dfrac{L_{甲-J_2}-L_{I_i-J_2}}{\max|L_{甲-J_2}-L_{I_i^*-J_2}|}$，该值越大代表甲在考虑拥堵时越倾向于选择 I_i 作为下一步的目标。其中 I_i^* 为 8 个邻域与 J_2 之间距离中，与 $L_{甲-J_2}$ 相差最大者，这里是 G 元胞，与 $L_{甲-J_2}$ 相差最大，其绝对值为 1.341。则 $T_{J_2甲}^*$ $(G)=\dfrac{28.400-29.741}{1.341}=-1$，同理可算出其他值。

（3）计算从众值 $C_{on}(I_i)$

由 6.3.1 中公式可得，$C_{on甲}(甲)=1/3×1/4×(0×0.5+1)=1/12$，$C_{on乙}(乙)=1×1/2×(0×0.5+1)=1/2$，$C_{on甲}(A)=1/3×1/4×(0×0.5+0)=0$，甲和乙所有邻域在第一轮中从众值同 $C_{on甲}(A)$ 为 0。

（4）计算惯性值

给定条件，甲有熟悉的出口 J_1。则根据 6.3.1 中规定的算法有：
$$I_{ne甲}(A)=L_{甲-A}×\cos30°=1.225$$

其中，$L_{甲-A}$ 为甲元胞与 A 元胞形心距，$\cos30°$ 为甲与 A 形心连线同甲与 J_1 形心连线的余弦，$I_{ne甲}(A)$ 的数学意义为甲 A 形心距在甲 J_1 形心连线上的投影，投影越长意味着甲到达该元胞后距离熟悉的出口越近，I_{ne} 的最大值为 $\sqrt{2}$ $\cos0=\sqrt{2}=1.414$，此时意味着出发点与邻域元胞形心连线重合于出发点与熟悉出口形心连线。

为了能直观比较，令所有惯性值除以 1.414，用于最终计算元胞吸引力值。如 $I_{ne甲}×(A)=I_{ne甲}(A)/1.414=0.866$，其他数值同理可得。

（5）计算官方指令值

官方指令值的计算方法同惯性值，现假定由于出口 J_1 附近比较拥堵，官方呼吁行人向 J_2 出口移动，则有 $O_{rd甲^*}(A)=O_{rd甲}(A)/1.414=0.191$，同理可得出其他取值。

（6）计算吸引力值

上述五项指标计算结果见表 6-3，吸引力值为五项指标计算结果的和。行人根据吸引力值由高到低地对下一步目标进行选取。

对于甲，其下一步的选择顺次为 $B—C—A—H—D—F—G—E$；对于乙，其下一步的选择依次为 $J—I—E—D—K—L—M—N$。

（7）计算竞争力值

竞争力值个人生理方面考虑性别 G_{en}，年龄 A_{ge}，残疾程度 $Hin∈[1，10]$，其中 1 级代表无残疾，10 级残疾最重；个人心理方面主要考虑恐慌值 P_{an}，环境因素主要考虑目标元胞点中心与出发点中心距离 D_{is} 和是否带小孩 C_{hi}。其中，性别 G：男性取值 1，女性取值 0.7，差值代表男女性在力量、体能、耐力等方面的差异；是否带小孩 C_{hi}：如果带了小孩取值 0.3，没带取值 0；距离 D_{is}：出发点与邻域之间的形心距只有两种，正向上下左右四元胞取值 1，斜向四格取值 $\sqrt{2}$。

吸引力值计算结果表 表 6-3

	P	$T_甲$	$T_乙$	$C_甲$	$C_乙$	$I_{ne甲}$	$I_{ne乙}$	$O_{r甲}$	$O_{r乙}$	$A_{tt甲}$	$A_{tt乙}$
A	0.820	0.318	—	0	—	0.866	—	0.191	—	2.195	—
B	0.794	0.667	—	0	—	0.242	—	0.641	—	2.344	—
C	0.767	0.996	—	0	—	−0.500	—	0.940	—	2.203	—
D	0.761	0.318	0.407	0	0	−0.665	—	0.183	0.342	0.597	1.51
E	0.752	−0.364	−0.294	0	0	−0.866	—	−0.391	−0.276	−0.869	0.182
F	0.777	−0.671	—	0	—	−0.219	—	−0.646	—	−0.759	—
G	0.801	−1	—	0	—	0.391	—	−0.961	—	−0.769	—
H	0.812	−0.338	—	0	—	0.665	—	−0.310	—	0.787	—
I	0.735	—	0.711	—	0	—	—	—	0.651	—	2.097
J	0.709	—	0.991	—	0	—	—	—	0.940	—	2.64
K	0.702	—	0.271	—	0	—	—	—	0.265	—	1.238
L	0.692	—	−0.453	—	0	—	—	—	−0.391	—	−0.152
M	0.717	—	−0.715	—	0	—	—	—	−0.656	—	−0.654
N	0.741	—	−1	—	0	—	—	—	−0.906	—	−1.165

竞争力值计算公式为：
$$C_{omp}=\begin{cases}\dfrac{G_{en}+\dfrac{A_{ge}}{18}+\dfrac{1}{H_{in}}-\dfrac{1}{P_{an}}-C_{hi}}{D_{is}} & 0\leqslant A_{ge}\leqslant 22 \\[4mm] \dfrac{G_{en}+\dfrac{40}{A_{ge}}+\dfrac{1}{H_{in}}-\dfrac{1}{P_{an}}-C_{hi}}{D_{is}} & 22<A_{ge}\end{cases}$$

竞争力值计算中甲、乙属性值见表 6-4。

甲、乙属性取值表 表 6-4

行人	性别	年龄	残疾程度	恐慌值	是否带小孩
甲	男	35	2	4	是
乙	女	20	1	2	否

根据公式及相关属性，甲对于下一步第一选择 B 元胞的竞争力数值为：

$$C_{\text{omp甲}}(B)=\frac{1+\frac{40}{35}+\frac{1}{2}-\frac{1}{4}-0.3}{1}=2.093；乙对于下一步第一选择 J 元胞的竞争$$

力数值为：$C_{\text{omp乙}}(J)=\dfrac{0.7+\dfrac{20}{18}+\dfrac{1}{1}-\dfrac{1}{2}-0}{\sqrt{2}}=1.634$。

本例中甲乙两人下一步目标不存在冲突，因此最终该轮运行的结果为甲顺利到达 B，乙顺利到达 J 元胞。假如两者下一步目标存在冲突，则竞争力数值差距大于 0.5 时，竞争力大者成功到达目标；竞争力数值差距不大于 0.5 时，系统将随机抽出成功到达者。

3. 理论模型程序化

部分重要代码：

（1）元胞优先级

```
function[space,People]= update_P(space,option,People)
```

门宽为 1m：

```
a= ones(option.area_len* option.area_width,1);
b= [];
```

生成场地所有坐标的二维矩阵：

```
for i= 1:option.area_len
a((i-1)* option.area_width+ 1:option.area_width* i) = a((i-1)*
option.area_width+ 1:option.area_width* i)* i;
b= [b,1:option.area_width];
end
b= b';
tmp_len= length(space.J(:,1));
```

计算欧氏距离：

```
for i= 1:tmp_len
tmp_J(:,i)= sqrt((a-space.J(i,1)).^2 + (b-space.J(i,2)).^2);
end
```

最小欧式距离：

```
iftmp_len> 1
J_min= min(tmp_J');
P= J_min. /max(max(tmp_J'));
```

```
else
P= tmp_J'/max(tmp_J');
end
for i= 1:option.area_len* option.area_width
space.Priority(a(i),b(i))= P(i);
end
```

计算周围邻居的优先级：

```
for j= 1:option.num_woman+ option.num_man
[tmp_position]= find_position_around(People(j),option);
for i= 1:8
   if tmp_position(i,1)~ = 0 &&tmp_position(i,2)~ = 0
People(j).P(i)= space.Priority(tmp_position(i,1),tmp_position
(i,2));
            else
                People(j).P(i)= 0;
            end
      end
end
```

（2）计算惯性值

```
for j= 1:option.num_woman+ option.num_man
   if People(j).J= 0
       People(j).I= zeros(1,8);
   else
[tmp_position]= find_position_around(People(j),option);
      fori= 1:8
          iftmp_position(i,1)~ = 0 &&tmp_position(i,2)~ = 0
             % People(j).I(i) = sqrt((tmp_position(i,1)-
space.J(People(j).J,1))^2 + (tmp_position(i,2)- space.J(People
(j).J,2))^2);
   Ifabs(tmp_position(i,1)- People(j).position(1))+ abs(tmp_
position(i,1)- People(j).position(1))= = 1
   People(j).I(i)= sqrt(1/((People(j).position(1)- space.J
(People(j).J,1))^2+ (People(j).position(2)- space.J(People(j).
J,2))^2));
                else
```

```
    People(j).I(i) = sqrt(sqrt(2)/((People(j).position(1) -
space.J(People(j).J,1 ))^2+ (People(j).position(2) - space.J
(People(j).J,2 ))^2));
                    end
                else
                    People(j).I(i) = 10;
                end
            end
            People(j).I= People(j).I/max(People(j).I);
        end
    end
```

（3）获取元胞邻居坐标

```
tmp_jishu= 1;
tmp_position= zeros(8,2);
fori= - 1:1
    for j= - 1:1
        ifi~ = 0 || j~ = 0
ifPeople.position(1) + i> 0&& People.position(1) + i< = op-
tion.area_len ...
    &&People.position(2) + j> 0 && People.position(2) + j< = op-
tion.area_width
    tmp_position(tmp_jishu,1)= People.position(1)+ i;
    tmp_position(tmp_jishu,2)= People.position(2)+ j;
            end
    tmp_jishu= tmp_jishu+ 1;
        end
    end
end
```

（4）计算竞争力

```
for j= 1:option.num_woman+ option.num_man
tmp_gen= 1- People(j).sex* 0.3;
    if People(j).age> 22
tmp_age= 40/People(j).age;
    else
tmp_age= People(j).age/18;
```

```
   end
   People(j).C_omp= tmp_gen+ tmp_age+ 1/People(j).H- 1/People
(j).P_an- People(j).child* 0.3;
   End
```

6.3.3 模型的仿真模拟与实验结果的对比

由于元胞尺寸定义为 $0.5m \times 0.5m$，因此在仿真中门宽调整为以下三种宽度：

（1）大宽度 1.5m，三个元胞宽度（下文中以 L1* 表示）。

（2）中等宽度 1.0m，两个元胞宽度（下文中以 L2* 表示）。

（3）窄宽度 0.5m，一个元胞宽度（下文中以 L3* 表示）。

本次模型将在三种不同门宽情况下分别运行，通过将多次实验的平均结果与实际测得疏散数据进行对比，来评估和修正仿真疏散模型。

图 6-9 为 1.5m 门宽情况下模型的运行截图，人群在初始阶段随机站位，在接收到指令后，迅速向中间聚拢，在右侧图中，初始站位离疏散通道比较近的几人已经在通道口形成拥堵区域。

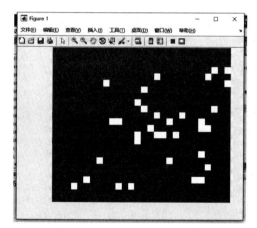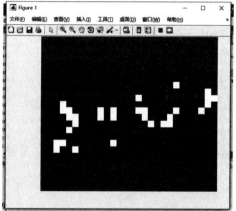

图 6-9 程序运行截图

图 6-10 为 1.5m 门宽情况下两次随机仿真的结果，发现数据吻合度较高，说明模型具有较好的稳定性。

三种情况下实验统计结果与模型仿真结果对比见表 6-5，其中数据均为 3 次随机实验后的平均值。

通过表中数据对比发现，L1、L3 条件下，仿真结果和真人实验结果的最长疏散时间和最短疏散时间相差基本在 1.5s 以内；L2 条件下，最短疏散时间相差

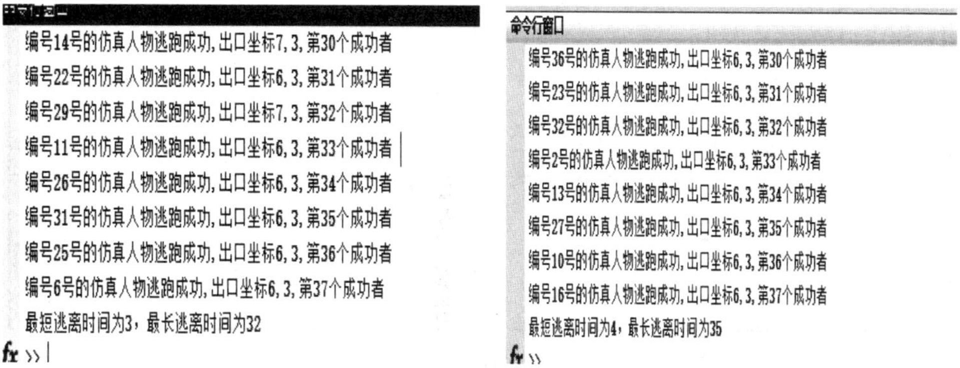

命令行窗口		命令行窗口
编号14号的仿真人物跑成功,出口坐标7,3,第30成功者		编号36号的仿真人物跑成功,出口坐标6,3,第30个成功者
编号22号的仿真人物跑成功,出口坐标6,3,第31个成功者		编号23号的仿真人物跑成功,出口坐标6,3,第31个成功者
编号29号的仿真人物跑成功,出口坐标7,3,第32个成功者		编号32号的仿真人物跑成功,出口坐标6,3,第32个成功者
编号11号的仿真人物跑成功,出口坐标6,3,第33成功者		编号2号的仿真人物跑成功,出口坐标6,3,第33个成功者
编号26号的仿真人物跑成功,出口坐标6,3,第34成功者		编号13号的仿真人物跑成功,出口坐标6,3,第34个成功者
编号31号的仿真人物跑成功,出口坐标6,3,第35成功者		编号27号的仿真人物跑成功,出口坐标6,3,第35个成功者
编号25号的仿真人物跑成功,出口坐标6,3,第36成功者		编号10号的仿真人物跑成功,出口坐标6,3,第36个成功者
编号6号的仿真人物逃跑成功,出口坐标6,3,第37个成功者		编号16号的仿真人物跑成功,出口坐标6,3,第37个成功者
最短逃离时间为3,最长逃离时间为32		最短逃离时间为4,最长逃离时间为35

图 6-10　输出结果截图

较小为 0.79s，最长疏散时间相差较大为 3.32s。考虑到模型中元胞自动机时间取值必为 0.5s 的倍数以及真人实验中统计可能出现的误差情况，总体而言模型的仿真结果是比较接近实际的，基本达到了应用的要求。

模型仿真与真人实验最长及最短疏散时间对比表 　　　表 6-5

疏散通道宽度	L1	L1*	L2	L2*	L3	L3*
最短疏散时间(s)	2.07	1.67	3.12	2.33	2.99	3.5
最长疏散时间(s)	15.59	17.00	16.01	19.33	22.24	22.5

综上，通过对模型运行过程进行观察、模型同条件下运行多次的结果对比，以及同条件下模型运行结果与真人实验结果的对比，可以判断仿真模型能够较好地模拟现实人员疏散的行为，具有良好的自身稳定性，得出的结果接近现实，基本能够达到应用的要求。

6.4　公寓人群应急疏散模型仿真

选取深圳某社区公寓作为人群应急疏散研究案例的场景，通过对该公寓人群应急疏散的仿真研究，得出一些共性的规律，给当地相似场所的疏散管理工作提供参考资料和优化意见。

6.4.1　公寓环境设定

该公寓为 7 层矩形平面建筑物，一层平面如图 6-11 所示。该公寓平面尺寸长 59.54m，宽 19.24m，层高 2.8m，耐火等级为二级。每层有 8 个房间，一条宽 2m 的走廊，走廊中部有双跑楼梯连接上下层，楼梯单侧宽度为 1.5m，每梯段 18 级均分。公寓中部有一个出入口，宽度为 1.5m。

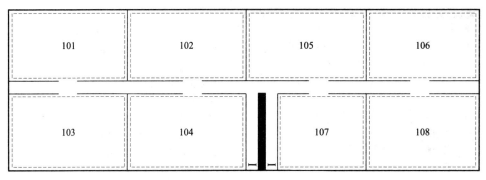

图 6-11 公寓一层平面图

6.4.2 行人数据收集及参数赋值

1. 调查问卷收集居民数据

仿真模型中行人主体各项参数赋值的准确性将直接影响仿真结果，获取的行人数据越真实准确，仿真模型运行的结果就越接近实际。因此，本文主要采取发放调查问卷的方法收集该社区居民的一手资料，用于仿真模型中行人主体各项参数的赋值。

（1）社区居民调查问卷内容

设计的社区居民应急疏散调查问卷共 18 个问题，按内容可分成三个部分。

1）居民基本情况。该部分包括 7 个问题：性别、年龄、教育程度、家庭成员数、家庭成员中是否有行动不便人员、行动不便人员行动困难程度、生活年限。

2）居民安全疏散意识及素质。该部分包括 4 个问题：进入公共场所时是否会留意疏散标志或有意识规划疏散路线、是否亲身经历过应急疏散事件、是否接受过相关安全疏散知识教育或疏散演练、对安全疏散相关知识或技能掌握程度。

3）居民应急疏散情况下的心理及行为。该部分包括 7 个问题：接到疏散信号时的第一心理反应、疏散时的冷静程度、疏散中是否会就近选择疏散通道或出口、疏散中是否会选择自己熟悉的疏散通道或出口、疏散中是否会跟随多数人行动、有官方指令时是否会遵循、疏散中是否会因避开危险区域而绕路。

（2）居民调查问卷结果统计

本次调查于 2016 年 8 月 26 日进行，调查对象为深圳辖下某村镇社区居民。调查共发放问卷 200 份，收回有效卷 171 份。

1）居民基本信息统计结果

统计结果显示，在接受调查的社区居民中，35 岁以下的群体占比最多为

64.9%，其中 22～35 岁的青年占总人数的 42.7%；性别指标中，女性居民略多于男性居民；受教育程度中，高中及以下人群占大多数，比例为 74.2%；生活年限在 4 年及以上的占 67.3%，可见该社区中主要人群为青少年常住人口。家庭成员数 4～7 人的占到八成多，家庭中有行动不便的占 7.6%，其中行动轻微不便者占 53.8%，这些信息体现出受调查的家庭典型特征为，人口众多而成员健康。具体信息见表 6-6。

居民基本信息统计表　　　　　　　　　　　　表 6-6

变量	人数	比例（%）	变量	人数	比例（%）
年龄			生活年限		
22 岁以下	38	22.2	不到 1 年	45	26.3
22～35 岁	73	42.7	1～3 年	11	6.4
36～50 岁	50	29.2	4～10 年	67	39.2
51 岁以上	10	5.8	10 年以上	48	28.1
性别			家庭成员数		
男	72	42.1	1～3 人	23	13.5
女	99	57.9	4～7 人	143	83.6
教育程度			7 人以上	5	2.9
初中及以下	44	25.7	行动不便程度		
高中	83	48.5	轻微不便	7	53.8
本科	39	22.8	中度不便	2	15.4
研究生	5	2.9	严重不便	4	30.8
家庭中是否有行动不便人员					
是	13	7.6			
否	158	92.4			

2）居民安全疏散意识与素质统计结果

在接受调查的社区居民中，接受过安全疏散教育或演习训练的居民占 55.6%，和未接受的人数相差不多；对安全疏散知识技能掌握程度一般及以上的居民占 47.3%，比例不高；进入公共场所会有意识留意疏散标志或规划疏散路线的占比 36.8%；亲身经历过应急疏散事件的人群占比 11.1%。综合以上统计结果，表明该社区居民安全疏散意识较为淡薄，安全素质一般，具体信息见表 6-7。

3）居民应急疏散情况下心理及行为统计结果

在接受调查的居民中，有近六成接到疏散信号时第一反应为沉着应对，疏散中比较冷静和十分冷静的总人数占比 58.2%，这两个指标的数值和接受过安全教育或演习训练的人员占比数值55.6%非常相近；73.4%的居民会就近选择疏散通道或出口，但如果途中有危险区域的话，71.3%的人会选择绕路；近五成居民选择跟随大多数人行动，超过六成居民在有熟悉路线时会选择熟悉路线，这表明受调查的居民群体有着比较明显的从众和惯性行为；78.5%的人在有官方指令时会选择遵循，这表示权威在疏散中会具有强大的影响力。详细信息见表6-8。

居民安全疏散意识及素质统计表   表6-7

变量	人数	比例（%）	变量	人数	比例（%）
是否有意识留意疏散标志或规划疏散路线			对安全疏散知识技能掌握程度		
是	63	36.8	完全不了解	9	5.3
否	108	63.2	了解一点	81	47.4
是否接受过安全疏散教育或演习训练			一般	57	33.3
是	95	55.6	比较全面	20	11.7
否	76	44.4	很全面	4	2.3
是否亲身经历过应急疏散事件					
是	19	11.1			
否	152	152			

居民应急疏散下心理及行为统计表   表6-8

变量	人数	比例（%）	变量	人数	比例（%）
接到疏散信号时第一心理反应			疏散时的冷静程度		
恐慌大喊大叫	41	24.0	完全失去理智	13	7.6
紧张无法思考	12	6.8	较不冷静	19	11.4
沉着应对	97	56.7	一般	39	22.8
其他	21	12.5	比较冷静	74	43.1
疏散中是否会就近选择通道或出口			十分冷静	26	15.1
是	125	73.4	疏散中是否会跟随大多数人行动		
否	46	26.6	是	81	47.3
疏散中是否会因避开危险区域而绕路			否	90	52.7
是	122	71.3	有官方指令时是否遵循		
否	49	28.7	是	134	78.5
疏散中是否会选择自己熟悉的路线			否	37	21.5
是	108	63.3			
否	63	36.7			

2. 行人参数赋值

根据调查问卷的结果，本次案例研究对行人参数的赋值如表 6-9 所示。

公寓应急疏散仿真研究行人参数赋值表　　　　　　　　　表 6-9

变量		比例（%）	变量		比例（%）
性别	男	42	带小孩与否	是	14
	女	58		否	86
年龄	22 岁以下	22	残疾程度	1	90
	22～35	43		2～4	4
	36～50	29		5～7	3
	51 岁以上	6		8～10	3
对疏散环境熟悉程度	1	15	疏散时恐慌程度	1	8
	2	11		2	11
	3	7		3	23
	4	39		4	43
	∞	28		∞	15

表中各参数取值的比例与对该社区居民问卷调查所获取的数据相对应。仿真模型运行时，行人的参数取值将按照表中的比例进行抽取，以提升仿真模型结果的准确性和效度。

6.4.3　公寓应急疏散仿真模拟

本节将利用仿真实验的方法对设定的 7 层公寓应急疏散相关问题进行研究，得出的结果和建议将给当地相似场所管理工作提供参考依据。

1. 安全疏散最大人数研究

（1）公寓安全疏散允许时间

在应急疏散中，其他条件不变的情况下，疏散的人数直接影响疏散所用的总时间，同条件需要疏散的人越多，所需的疏散时间就越长。对于公寓这类建筑物而言，以安全疏散允许时间为前提预先确定最大容纳人数，能够有效预防突发事件下应急疏散可能产生的人员伤亡风险，具有十分重要的意义。

目前，我国对于安全疏散允许时间有以下规定：安全疏散允许的时间，高层建筑，可按 5~7min 考虑；一般民用建筑，一、二级耐火等级应为 6min，三、四级耐火等级可为 2~4min[4]。本案例中研究的公寓为中高层二级防火建筑，对应国家标准，其安全疏散允许时间应为 6min。下文将依据这个条件展开仿真研究，确定公寓的安全疏散最大人数。

（2）公寓安全疏散最大人数

以总疏散人数 100 人起依次递增，获得对应的平均最长疏散时间如表 6-10 所示。

总人数-平均最长疏散时间实验结果　　　　　　　　　　表 6-10

疏散总人数	五次实验平均最长疏散时间（s）
100	276.1
120	283.6
140	298.5
160	307.6
180	333.0
200	356.1
205	361.5
210	369.6
220	383.0

根据安全疏散时间 6min 的规定，从表中得出该公寓最大安全疏散人数在 205 人左右。如果多于该人数，疏散的理论时间将大于 6min，不足以让所有人安全逃生。因此，建议该公寓以 205 人为上限安排居住人数，避免埋下安全疏散隐患。

此外，从表中数据可以看出，随着人数的增加，所需的最长疏散时间相应增加。开始时增幅比较平稳，100~160 人阶段每增加 20 人，对应增加的平均最长疏散时间基本都在 10s 左右；160~180 人阶段开始，对应最长疏散时间突然增大到 20s 左右，并在 160~220 人阶段比较稳定地保持这种人数增加 20 人，时间增加 20s 左右的对应关系，这应该与拥堵程度有关，体现出拥堵程度能"加速"降低疏散效率，与现实中的规律相吻合。

2.公寓应急疏散危险位置研究

在应急疏散过程中，公寓内的一些位置会形成高密度人群聚集区域。这些区域内行人行进受阻，速度下降，彼此摩擦推搡，容易发生摔倒踩踏等伤亡事故，是应急疏散中的危险位置。因此，提前识别出公寓内应急疏散的危险位置并采取相应的预防措施，对安全疏散有着重要的意义。

（1）公寓应急疏散危险位置的识别

本文选取国际上比较认可的《美国道路通行能力手册》HCM2000[5] 中相关标准作为识别危险位置的依据，最新的 HCM2010 沿用了这些标准。具体内容见表 6-11。

HCM2000 行进行人服务水平划分标准　　　　　表 6-11

等级	文字描述	等级	文字描述
A	1. 行人占有空间＞5.6m²/人； 2. 行人按照期望的路径行走，不会因为其他行人而改变路径； 3. 行走速度可以自由选择，行人间没有冲突	D	1. 行人占有空间：1.4～2.2m²/人； 2. 反向或交叉人流冲突较多，需经常改变步行速度和行走路径； 3. 该等级下最大服务流量可用作设计通行能力，而行人之间很可能发生摩擦和相互影响
B	1. 行人占有空间：3.7～5.6m²/人； 2. 有足够的空间供行人自由选择步行速度，或绕过其他行人，或避免交叉冲突； 3. 在此密度下，行人开始感觉到其他行人的存在，并根据他们的存在选择行走路径	E	1. 行人占有空间：0.75～1.4m²/人； 2. 在此密度下，所有人正常的步行速度受到限制，并且必须频繁调整步伐，在小范围内只能靠推操才能向前移动，没有足够的空间用于超过速度较慢的行人； 3. 人流走走停停，或出现堵塞
C	1. 行人占有空间：2.2～3.7m²/人； 2. 有足够空间供正常步行，或绕过同向人流中的其他行人； 3. 反向或交叉人流将引起轻微的冲突，速度和流量将有一定程度的下降	F	1. 行人占有空间≤0.75m²/人； 2. 所有人的步行速度严重受限，只有靠推操才能向前进； 3. 此密度下行人间的身体接触不可避免，而且相当频繁； 4. 人流处于间歇的、不稳定状态

依据表中描述，在行人占有空间小于 1.4m²/人时，开始出现不可避免的推操行为；不大于 0.75m²/人时，推操行为和身体接触会变得非常频繁。行人动力学中认为个体间碰撞和身体接触是应急疏散中人员伤亡事故的重要诱因，而此类行为频繁的发生会增大事故发生的几率。因此，本文将应急疏散中行人占有空间不大于 0.75m²/人，即人群密度不小于 1.33 人/m² 的位置规定为危险区域。

设定疏散人数为 205 人条件下进行仿真实验，初始行人分布如图 6-12 所示（以一楼、二楼为例）。

疏散开始后 75s，七楼人员全部离开七楼；119s，六楼及以上无行人；191s，四楼及以上无行人；269s，二楼及以上无行人；364s 时，全部人员疏散完毕。各时段行人疏散情况如图 6-13 所示（以一楼、二楼为例）。

在实验中发现，一楼、二楼和四楼平面中出现了长时间持续高于 1.33 人/m² 的区域。其中，一楼平面有：楼梯口位置，走廊中间位置，楼梯口往走廊中段位置；二楼平面有：三楼往二楼楼梯口位置；四楼平面有：五楼往四楼楼梯口

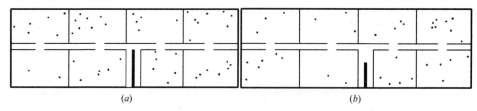

图 6-12　初始行人分布图

（*a*）一楼初始行人分布；（*b*）二楼初始行人分布

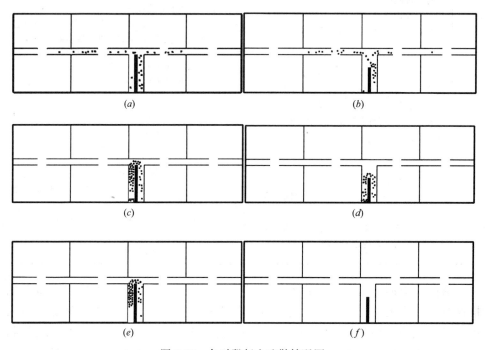

图 6-13　各时段行人疏散情况图

（*a*）30s 一楼疏散情况；（*b*）30s 二楼疏散情况；（*c*）2min 一楼疏散情况；
（*d*）2min 二楼疏散情况；（*e*）5min 一楼疏散情况；（*f*）5min 二楼疏散情况

位置。人群密度光谱图见图 6-14。图中人群密度低的部分用浅色填充，人群密度高的部分用深色填充。

在 5 个危险位置中，一楼和二楼楼梯口的人群密度在疏散开始后 60s 左右最早超过 1.33 人/m²；一楼楼梯口往走廊中段位置则是最晚超过规定人群密度的危险位置；一楼走廊中段位置持续超规定人群密度最久，达到 265s，占总疏散时间的 72%，需要特别注意。各位置超规定人群密度具体时间见表6-12。

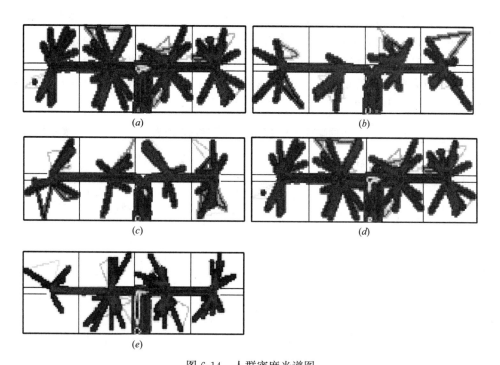

图 6-14 人群密度光谱图

（*a*）63s 一楼；（*b*）54s 二楼；（*c*）84s 四楼；（*d*）94s 一楼；（*e*）213s 一楼

各位置超密度时间表   表 **6-12**

位置	超密度起始时间(s)	超密度结束时间(s)	持续时间(s)
一楼楼梯口	94	265	171
一楼走廊中段	63	328	265
一楼楼梯口往走廊中段	213	298	85
三楼往二楼楼梯口	54	214	160
五楼往四楼楼梯口	84	147	63

因此，在进行该公寓的安全疏散筹备工作时，应把重心放在这 5 个危险位置上，有针对性地降低应急疏散时这些位置的人群密度和超规定密度持续时间，减少事故发生的几率，保障公寓内住户的安全疏散。

（2）公寓危险位置应对措施研究

针对公寓应急疏散过程中超规定密度的危险位置，以下进行一些探究性的解决方案研究。希望得出的方案和结论能给实际的安全疏散管理提供参考依据。

1）减少总疏散人数

其他条件不变，增加了总疏散人数为 110 人、140 人和 170 人的三组仿真实验。发现随着人数的减少，危险位置的个数也相应减少，170 人下危险位置有 3 个，140 人下有 1 个，110 人则没有危险位置；此外，疏散人数减少时，部分危险位置的超密度开始时间会推迟，超密度结束时间会提早；仿真实验中所有危险位置在疏散人数减少的情况下，其超密度持续时间占总疏散时间的百分比均下降。详细结果见表 6-13。

不同疏散总人数危险位置超密度时间表　　　　　　　　　表 6-13

疏散总人数（人）	危险位置	超密度开始时间(s)	超密度结束时间(s)	持续时间(s)	占总疏散时间百分比(%)
110	一楼楼梯口	—	—	—	—
140		94	173	79	26.5
170		95	217	122	38.0
205		94	265	171	47.0
110	一楼走廊中段	—	—	—	—
140		—	—	—	—
170		125	268		44.5
205		63	328	265	72.8
110	一楼楼梯口往走廊中段	—	—	—	—
140		—	—	—	—
170		—	—	—	—
205		213	298	85	23.4
110	三楼往二楼楼梯口	—	—	—	—
140		—	—	—	—
170		89	186	97	30.2
205		54	214	160	44.0
110	五楼往四楼楼梯口	—	—	—	—
140		—	—	—	—
170		—	—	—	—
205		84	147	63	17.3

实验结果表明，降低疏散总人数能有效减少危险位置的个数，缩短危险位置行人应急疏散时超规定密度的持续时间，缩短应急疏散需要的总时间，从而有效降低应急疏散过程中可能出现的人员伤亡事故发生的几率。

2）增加疏散通道个数

相同条件下，增加疏散通道个数能够提升疏散效率，并疏导和分流行人，稀释过高的人群密度。对于增加一条逃生通道后，案例公寓应急疏散的相关情况进行了仿真研究。

仿真结果发现，总疏散人数为 205 人，楼梯尺寸、门宽、房间个数不变，房间面积基本不变的情况下，增加一条逃生通道后，总疏散时间为 288.5s，比单疏散通道用时缩短了 75.5s，疏散效率提升了 20.7%；在整个疏散过程中，公寓内没有出现人群密度超过 1.33 人/m² 的危险位置，相比于单疏散通道时出现 5 个超 1.33 人/m²，且平均持续时间达 148s 的危险位置的情况，较大幅度地提升了应急疏散的安全性。新增逃生通道后，公寓应急疏散过程详见图 6-15。

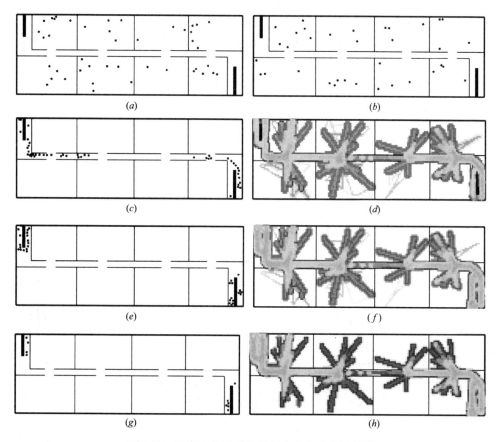

图 6-15 两条逃生通道公寓行人应急疏散过程图

(a) 一楼初始行人分布；(b) 二楼初始行人分布；(c) 30s 一楼行人分布；
(d) 30s 一楼行人密度光谱；(e) 150s 一楼行人分布；(f) 150s 一楼行人密度光谱；
(g) 250s 一楼行人分布；(h) 250s 一楼行人密度光谱

经仿真实验验证，增加逃生通道个数，能够缩短应急疏散所需的总时间，提高疏散效率；同时，引导人群分流，降低疏散过程中的人群密度，减少超过 1.33 人/m² 的危险位置的个数，提高应急疏散的安全性。

参考文献

[1] Dorigo M.. Optimization，learning and natural algorithms. Ph. D. Thesis，Department of Electronics，Polite cnicodi Milano [D]. Italy，1992.

[2] Dorigo M.，Gambardella L. M.. Ant colony systems：a cooperative learning approach to

the traveling salesman problem. IEEE Transactions on Evolutionary Computation [J]，1997，1 (1)：53-66.

[3] Building Department of HK. Code of Practice for the Provisions of Means of Escape In Case of Fire [M]. 1996.

[4] 中华人民共和国国家标准. 建筑设计防火规范 GB 50016—2014 [S]. 北京：中国计划出版社，2015.

[5] 美国交通研究委员会. 道路通行能力手册 [M]. 北京：人民交通出版社，2007.

附录1 应急救灾居民调查问卷

居民灾害应急状况调查

尊敬的先生/女士，您好：

自然灾害一直是人类挥之不去的梦魇，它带给人们生命财产的损失不可估量。随着城乡一体化进程的推进，村镇防灾抗灾能力亟待提高。

本次调研就是哈尔滨工业大学为响应这一目标所做的一项基础工作，旨在提高贵村防灾抗灾能力，恳请您能够积极配合。

为保证研究结果的准确性，希望您能如实完成。本次调研不记名、不外传，所有资料仅供研究分析之用，请放心作答。

真诚地感谢您的参与！

请认真完成以下各题，选择题若无特殊标注，均为单选题，请在相应的选项前□中打√，谢谢。

第一部分：基本信息

Q1. 您的性别：□男 □女

Q2. 您的年龄：

Q3. 您在土洋社区生活/工作的年限是：

Q4. 您的教育程度：□初中及以下 □高中 □大学 □研究生

Q5. 您的工作是：

Q6. 您的家庭年收入：□不足 5 万元 □5～10 万元
□10～20 万元 □20 万元以上

Q7. 您家里人口数是： 其中男士人数是：

Q8. 您家里年龄最大的是： 岁，年龄最小的是： 岁

Q9. 您家里是否有行动不便人员：□是 □否

第二部分：村民灾害应急响应情况

Q1. 您是否有过灾害经历：□有 □没有

Q2. 如果有，该经历发生在（可多选）：□本村 □村外地方

Q3. 贵村主要的灾种是（可多选）：
□台风 □地震 □滑坡 □泥石流
□海水倒灌 □森林火灾 □海啸 □其他

Q4. 您在本村的住房属于：

□自有，房产价值大致是　　；是否有房产保险：□是　　□否

□租用，每月租金是　元

Q5. 您购买了以下哪些险种（多选）：

□房产保险　　□意外伤害险　　□医疗保险　　□其他

Q6. 您上班路上所花时间：

□20 分钟以内　　□20～30 分钟

□30～40 分钟　　□40～50 分钟　　□1 小时以上

Q7. 想象如果发生水灾情况，您觉得村里什么地方最危险（在地图上用三角号表示），往哪里跑（用五角星表示）：

Q8. 您平时获得新闻、讯息的渠道是（可多选）：

□广播　　□电视　　□计算机网络　　□手机短信

□手机网络　　□微信朋友圈　　□报纸杂志　　□其他

Q9. 有没有过突发事件或灾害条件下的物资短缺经历：□没有　　□有

如果"有"，持续的时间是多长：　　用一个形容词形容一下自己当时内心的状况（无所谓、焦虑、恐惧…）：

Q10. 您经历过次数最多的灾害是：　　其中最严重的灾害是：

Q11. 如果发放防灾知识手册，您想了解哪些方面的知识（可多选）：

□灾害的成因　　　□灾害的危害　　　□灾害的监测预报

□应急物品准备　　□自救和互救知识

Q12. 您平时使用的手机是否为智能手机：□是　　□否

Q13. 您家中是否储备有灾害应急物品：□是　　□否

Q14. 您是否参加过防灾应急培训或演练：□是　　□否

Q15. 您对灾害发生时的逃生路线的了解情况是：

□不了解　　　　　　　□知道有，但没认真看

□紧急状况下跟大家跑　　□对逃生路线比较熟悉

Q16. 您平时对灾害信息的关注程度是：

□不关心　　□很少关心　　□一般

□比较关心　　□非常关心

Q17. 您是否学习过防灾和自救互救相关知识：□是　　□否

Q18. 接到灾害预报信息，下面的选项哪个更符合您的状况：

□不予理会　　□持续关注相关后续信息　　□跟从别人的反应

□根据灾害预报的不同级别选择不同程度的应对　　□积极准备应对

Q19. 在灾害条件下，您认为合理的应急物资分配方式是：

□平均分配　　　　□根据受灾的严重程度分配

□先到先得　　　□弱者优先　　　□其他：

Q20.如果希望政府组织相关防灾减灾培训，您希望的培训方式是（可多选）：

□发放小册子　　□专题讲座　　□利用电视媒体方式

□有奖问答　　　□现场演练　　□微信公众号　　□其他：

附录 2 村镇防灾救灾应急预案编制导则

1 范围

本导则规定了村镇编制防灾救灾应急预案（以下简称应急预案）的编制程序、体系构成以及综合应急预案、专项应急预案、现场处置方案和附件的主要内容。

本导则适用于村镇的抢险救灾应急预案编制工作，其他村镇组织和单位的应急预案编制可参照本标准执行。

2 术语和定义

下列术语和定义适用于本文件。

2.1 应急预案 Emergency Plan

为有效预防和控制可能发生的灾害，最大程度减少灾害及其造成损害而预先制定的工作方案。

2.2 应急准备 emergency preparedness

针对可能发生的灾害，为迅速、科学、有序地开展应急行动而预先进行的思想准备、组织准备和物资准备。

2.3 应急响应 Emergency response

针对发生的灾害，有关组织或人员采取的应急行动。

2.4 应急救援 Emergency rescue

在应急响应过程中，为最大限度地降低灾害造成的损失或危害，防止灾害扩大，而采取的紧急措施或行动。

2.5 应急演练 Emergency exercise

针对可能发生的灾害情景，依据应急预案而模拟开展的应急活动。

3 应急预案编制程序

3.1 概述

村镇编制应急预案包括成立应急预案编制工作组、资料收集、风险评估、应急能力评估、编制应急预案和应急预案评审 6 个步骤。

3.2 成立应急预案编制工作组

村镇应结合本村镇部门职能和分工，成立以单位主要负责人（或分管负责人）为组长，单位相关部门人员参加的应急预案编制工作组，明确工作职责和任务分工，制定工作计划，组织开展应急预案编制工作。

3.3 资料收集

应急预案编制工作组应收集与预案编制工作相关的法律法规、技术标准、应急预案、国内外同行业企业灾害资料，同时收集本村镇安全生产相关技术资料、周边环境影响、应急资源等有关资料。

3.4 风险评估

主要内容包括：

a）分析村镇存在的危险因素，确定灾害危险源；

b）分析可能发生的灾害类型及后果，并指出可能产生的次生、衍生灾害；

c）评估灾害的危害程度和影响范围，提出风险防控措施。

3.5 应急能力评估

在全面调查和客观分析村镇应急队伍、装备、物资等应急资源状况基础上开展应急能力评估，并依据评估结果，完善保障措施。

3.6 编制应急预案

依据村镇风险评估及应急能力评估结果，组织编制应急预案。应急预案编制应注重系统性和可操作性，做到与相关部门和单位应急预案相衔接。应急预案编制格式和要求见附录 A。

3.7 应急预案评审

应急预案编制完成后，村镇应组织评审。评审分为内部评审和外部评审，内部评审由村镇主要负责人组织有关部门和人员进行。外部评审由村镇组织外部人员进行评审。应急预案评审合格后，由村镇主要负责人（或分管负责人）签发实施，并进行备案管理。

4 应急预案体系

4.1 概述

村镇的应急预案体系主要由综合应急预案、专项应急预案和现场处置方案构成。村镇应根据本村镇组织管理体系、规模、危险源的性质以及可能发生的灾害类型确定应急预案体系，并可根据本村镇的实际情况，确定是否编制专项应急预案。风险因素单一的小村镇可只编写现场处置方案。

4.2 综合应急预案

综合应急预案是村镇应急预案体系的总纲，主要从总体上阐述灾害的应急工作原则，包括村镇的应急组织机构及职责、应急预案体系、灾害风险描述、预警及信息报告、应急响应、保障措施、应急预案管理等内容。

4.3 专项应急预案

专项应急预案是村镇为应对某一类型或某几种类型灾害，或者针对重要生产设施、重大危险源、重大活动等内容而制定的应急预案。专项应急预案主要包括灾害风险分析、应急指挥机构及职责、处置程序和措施等内容。

4.4 现场处置方案

现场处置方案是村镇根据不同灾害类别，针对具体的场所、装置或设施所制定的应急处置措施，主要包括灾害风险分析、应急工作职责、应急处置和注意事项等内容。村镇应根据风险评估、岗位操作规程以及危险性控制措施，组织本村镇现场作业人员及相关专业人员共同进行现场处置方案编制。

5 综合应急预案主要内容

5.1 总则

5.1.1 编制目的

简述应急预案编制的目的。

5.1.2 编制依据

简述应急预案编制所依据的法律、法规、规章、标准和规范性文件以及相关应急预案等。

5.1.3 适用范围

说明应急预案适用的工作范围和灾害类型、级别。

5.1.4 应急预案体系

说明村镇应急预案体系的构成情况，可用框图形式表述。

5.1.5 应急工作原则

说明村镇应急工作的原则，内容应简明扼要、明确具体。

5.2 灾害风险描述

简述村镇存在或可能发生的灾害风险种类、发生的可能性以及严重程度及影响范围等。

5.3 应急组织机构及职责

明确村镇的应急组织形式及组成单位或人员，可用结构图的形式表示，明确构成部门的职责。应急组织机构根据灾害类型和应急工作需要，可设置相应的应急工作小组，并明确各小组的工作任务及职责。

5.4 预警及信息报告

5.4.1 预警

根据村镇监测监控系统数据变化状况、灾害险情紧急程度和发展势态或有关部门提供的预警信息进行预警，明确预警的条件、方式、方法和信息发布的程序。

5.4.2 信息报告

按照有关规定，明确灾害及灾害险情信息报告程序，主要包括：

a）信息接收与通报

明确 24 小时应急值守电话、灾害信息接收、通报程序和责任人。

b）信息上报

明确灾害发生后向上级主管部门或单位报告灾害信息的流程、内容、时限和责任人。

c）信息传递

明确灾害发生后向本村镇以外的有关部门或单位通报灾害信息的方法、程序和责任人。

5.5 应急响应

5.5.1 响应分级

针对灾害危害程度、影响范围和村镇控制事态的能力，对灾害应急响应进行分级，明确分级响应的基本原则。

5.5.2 响应程序

根据灾害级别和发展态势，描述应急指挥机构启动、应急资源调配、应急救援、扩大应急等响应程序。

5.5.3 处置措施

针对可能发生的灾害风险、灾害危害程度和影响范围，制定相应的应急处置措施，明确处置原则和具体要求。

5.5.4 应急结束

明确现场应急响应结束的基本条件和要求。

5.6 信息公开

明确向有关新闻媒体、社会公众通报灾害信息的部门、负责人和程序以及通报原则。

5.7 后期处置

主要明确污染物处理、生产秩序恢复、医疗救治、人员安置、善后赔偿、应急救援评估等内容。

5.8 保障措施

5.8.1 通信与信息保障

明确与可为本村镇提供应急保障的相关单位或人员通信联系方式和方法，并提供备用方案。同时，建立信息通信系统及维护方案，确保应急期间信息通畅。

5.8.2 应急队伍保障

明确应急响应的人力资源，包括应急专家、专业应急队伍、兼职应急队伍等。

5.8.3 物资装备保障

明确村镇的应急物资和装备的类型、数量、性能、存放位置、运输及使用条件、管理责任人及其联系方式等内容。

5.8.4　其他保障

根据应急工作需求而确定的其他相关保障措施（如：经费保障、交通运输保障、治安保障、技术保障、医疗保障、后勤保障等）。

5.9　应急预案管理

5.9.1　应急预案培训

明确对本村镇人员开展的应急预案培训计划、方式和要求，使有关人员了解相关应急预案内容，熟悉应急职责、应急程序和现场处置方案。如果应急预案涉及社区和居民，要做好宣传教育和告知等工作。

5.9.2　应急预案演练

明确村镇不同类型应急预案演练的形式、范围、频次、内容以及演练评估、总结等要求。

5.9.3　应急预案修订

明确应急预案修订的基本要求，并定期进行评审，实现可持续改进。

5.9.4　应急预案备案

明确应急预案的报备部门，并进行备案。

5.9.5　应急预案实施

明确应急预案实施的具体时间、负责制定与解释的部门。

6　专项应急预案主要内容

6.1　灾害风险分析

针对可能发生的灾害风险，分析灾害发生的可能性以及严重程度、影响范围等。

6.2　应急指挥机构及职责

根据灾害类型，明确应急指挥机构总指挥、副总指挥以及各成员单位或人员的具体职责。应急指挥机构可以设置相应的应急救援工作小组，明确各小组的工作任务及主要负责人职责。

6.3　处置程序

明确灾害及灾害险情信息报告程序和内容、报告方式和责任人等内容。根据灾害响应级别，具体描述灾害接警报告和记录、应急指挥机构启动、应急指挥、资源调配、应急救援、扩大应急等应急响应程序。

6.4　处置措施

针对可能发生的灾害风险、灾害危害程度和影响范围，制定相应的应急处置措施，明确处置原则和具体要求。

7　现场处置方案主要内容

7.1　灾害风险分析

主要包括：

a）灾害类型；

b）灾害发生的区域、地点或装置的名称；

c）灾害发生的可能时间、灾害的危害严重程度及其影响范围；

d）灾害前可能出现的征兆；

e）灾害可能引发的次生、衍生灾害。

7.2　应急工作职责

根据现场工作岗位、组织形式及人员构成，明确各岗位人员的应急工作分工和职责。

7.3　应急处置

主要包括以下内容：

a）灾害应急处置程序。根据可能发生的灾害及现场情况，明确灾害报警、各项应急措施启动、应急救护人员的引导、灾害扩大及同村镇应急预案的衔接的程序。

b）现场应急处置措施。针对可能发生的火灾、爆炸、危险化学品泄漏、坍塌、水患、机动车辆伤害等，从人员救护、工艺操作、灾害控制、消防、现场恢复等方面制定明确的应急处置措施。

c）明确报警负责人以及报警电话及上级管理部门、相关应急救援单位联络方式和联系人员、灾害报告基本要求和内容。

7.4　注意事项

主要包括：

a）佩戴个人防护器具方面的注意事项；

b）使用抢险救援器材方面的注意事项；

c）采取救援对策或措施方面的注意事项；

d）现场自救和互救注意事项；

e）现场应急处置能力确认和人员安全防护等事项；

f）应急救援结束后的注意事项；

g）其他需要特别警示的事项。

8　附件

8.1　有关应急部门、机构或人员的联系方式

列出应急工作中需要联系的部门、机构或人员的多种联系方式，当发生变化时及时进行更新。

8.2　应急物资装备的名录或清单

列出应急预案涉及的主要物资和装备名称、型号、性能、数量、存放地点、运输和使用条件、管理责任人和联系电话等。

8.3 规范化格式文本

应急信息接报、处理、上报等规范化格式文本。

8.4 关键的路线、标识和图纸

主要包括：

a）警报系统分布及覆盖范围；

b）重要防护目标、危险源一览表、分布图；

c）应急指挥部位置及救援队伍行动路线；

d）疏散路线、警戒范围、重要地点等的标识；

e）相关平面布置图纸、救援力量的分布图纸等。

8.5 有关协议或备忘录

列出与相关应急救援部门签订的应急救援协议或备忘录。

附录 A（资料性附录）应急预案编制格式和要求

A.1 封面

应急预案封面主要包括应急预案编号、应急预案版本号、村镇名称、应急预案名称、编制单位名称、颁布日期等内容。

A.2 批准页

应急预案应经村镇主要负责人（或分管负责人）批准方可发布。

A.3 目次

应急预案应设置目次，目次中所列的内容及次序如下：

——批准页；

——章的编号、标题；

——带有标题的条的编号、标题（需要时列出）；

——附件，用序号表明其顺序。

A.4 印刷与装订

应急预案推荐采用 A4 版面印刷，活页装订。

附录3 《涪陵区清溪镇人民政府综合应急预案》

制定日期：2014年10月08日

为保证我镇在发生突发事件时，各村（居）及有关部门在镇政府统一领导下，密切配合，协调行动，高效有序地开展救灾工作，保障国家和人民群众生命财产安全，最大限度地减少事件损失，结合我镇应急工作实际，制定本预案。本预案包括目标任务、灾害风险、启动条件、指挥机构和职责任务、应急准备、信息报送、应急响应等方面内容。各村（居）、有关单位要按照本预案要求，认真开展应急管理和处置工作。

一、目标任务

（一）目的任务

为有效组织开展应急管理工作，确保公众的生命财产安全，使各村（居）和镇辖单位在应急过程中组织有序、措施得力，有效减少损失，保证人民群众生命财产安全，促进我镇灾后重建及经济社会协调可持续发展。

（二）适用范围

本预案适用于发生在我镇境内、给国家和人民群众生命财产造成重大损失的各项应急工作。

二、灾害风险

（一）灾害特点

本镇自然灾害主要以春季风雹灾害、春夏之交洪涝灾害、防火期森林火灾、地质灾害为主。地灾隐患点主要是18个滑坡观测点。

（二）灾害影响

春季风雹灾害主要影响农村瓦房、耕地；洪涝灾害主要影响场镇、农田、道路、房屋；森林火灾主要影响林区周边村社；地质灾害主要影响18个滑坡带等。

三、启动条件

突发性事件造成镇行政区域内有下列损失之一的，应急预案启动：农作物绝收面积将占播种面积的40%以上；死亡3人以上；倒塌房屋100间以上；需紧急转移安置灾民人数达到 100 人以上；水利、电力、交通、通信等基础设施损坏严重，造成直接经济损失 0.2 亿元以上；突发公共卫生事件；其他突发应急事件。

四、指挥机构和职责任务

（一）机构设置

镇党委成立清溪镇应急领导小组，由党委书记×××任组长，班子其他领导为成员。领导小组内设清溪镇应急指挥部，由镇长×××任应急指挥长，党委政府班子成员任副指挥长，成员单位有各办、站、所、中心负责人。

指挥部分设十个组，分别是现场指挥组、综合组（值班信息通信传递组）、后勤保障组、医疗救护组、安全保卫组、监测预报组、交通运输组、民政安置组、应急抢险组、工作督查组。

（二）职责任务

1.镇政府职责

在区应急指挥部的统一领导下，开展应急工作，具体负责辖区内应急工作，发现异常情况及时向有关部门汇报，并采取相应的应急处理措施，明确责任人、危险区人员转移安置计划、人员培训、转移路线等。

2.村、居委会职责

负责本行政村、居委会内突发事件的监测、预警、人员转移和抢险工作。

3.各工作组职责

现场指挥组：负责应急管理现场指挥、调度，临时作为应急指挥部现场办公室，协调各组共同处理突出事件。现场指挥组由指挥长负责，若有上级应急机构行政领导到现场或指挥长因事不在，则由当时最高行政首长负责。

综合组（值班信息通信传递组）：承担指挥部办公室职责，做好值班安排、信息采集上报、上下沟通，保障通信畅通，在指挥长的领导下，负责领导和协调全镇救灾工作，研究部署应急准备和各项应急工作措施，督促检查应急工作落实情况，研究决定处置有关重大问题。综合组设在党政办。

后勤保障组：负责应急物资储备、供应和调配，负责灾区灾民粮食供应。后勤保障组设在财政办。

医疗救护组：负责应急伤员救治、药品供应、卫生防疫、疫情监测。医疗救护组设在社事办。

安全保卫组：负责应急区治安防范，做好重点目标警卫以及交通疏导工作，保证应急区治安秩序稳定。安全保卫组设在派出所。

监测预报组：负责监测辖区危险区域、危险天气的信息，并及时上报指挥部综合组。监测预报组设在建环所。

交通运输组：负责应急交通运输，备足和解决转移安置灾民和财产所需的车辆等交通工具，组织救灾物品的运输。交通运输组设在安监办。

民政安置组：负责临时转移群众的安置、基本生活保障，及灾后灾民的转移和安置工作，做好外援物资的接收及分发工作。民政安置组设在社事办。

应急抢险组：负责组建民兵抢险队伍，投入一线抢险救灾，紧急转移灾民。应急抢险组设在安监办。

工作督查组：负责全镇应急工作的执法监察。工作督查组设在监察室。

4. 应急安置和医疗卫生场所准备

全镇设定应急避难所 10 个，集中安置点 7 个，医疗卫生所 10 个，主要分布在 10 个村（居）、学校及周边空地。

5. 物资准备

救灾物资日常储备由社事办及相关部门负责。民政救灾物资储备点设二个，分布在土地坡片、清溪片，主要储备物资有帐篷、棉被、编织袋等，并与清溪供销社等企业建立联系，随时调用其储备的物资。救灾物资由后勤保障组（财政办）拟定计划，由交通运输组分运到灾区，由（村）居负责人签领。在储备物资不足时，由后勤保障组紧急采购，或由指挥部商议后向上级申请调运救灾物资。

6. 救灾装备

充分利用社会通信网络，确保救灾工作通信畅通，确保灾情信息指挥调度指令的及时传递。在灾情发生后，通信、交通工具、抢险救灾装备首先保障现场指挥组、综合组、后勤保障组及各工作组的调用，由后勤保障组统一安排。

7. 人力准备

预测将要发生或已经发生重大、特别重大灾害时，根据镇党委应急领导小组的指示，镇应急指挥部统一协调，各专业抢险救援队伍立即进行应急处置，分级启动预案，立即作出应急联动响应。同时组织动员社会各方力量，迅速形成应急处置合力。充分发挥全社会力量在应急处置工作中的积极作用，最大限度减少灾害损失。

8. 宣传、培训和演练

（1）宣传。充分利用广播、会议向社会广泛宣传救灾工作的法律法规，增强全社会的救灾意识和减灾意识。大力宣传避险、自救、互救等常识，提高安全自救的防护能力。

（2）培训。应急领导小组加强对抢险救灾人员的培训，熟悉实施预案的工作程序和要求，做好实施预案应急的各项准备工作。

（3）演习。应急领导小组每年至少组织开展一次应急抢险实战演习，请区应急办对演习进行指导。应急演习包括演习准备，演习实施和演习总结三个阶段。通过应急演习，培训应急队伍，落实岗位责任，掌握相关技能，了解应急机制和管理体制，熟悉应急处置程序，检验应急处置能力，总结经验教训。

五、灾害预警

(一) 部门预警职责

安监办：道路、突发公共安全事件的监测、预警；

国土所：负责地质灾害监测、预警；

建环所：城镇危房、危险地段的监测、预警；

农业服务中心：洪涝、旱灾、森林火灾、畜禽疫情的监测、预警。

各单位设监测员，分布在重点区域；各村、居设监测员，及时上报情况。

(二) 接警与预警发布

1. 接警

清溪镇实行 24 小时无缝对接值班制度；值班人员接警，及时报值班领导，并根据情况启动预案。

2. 发布

及时向辖区村（居）、重点单位发布预警，发布由综合组负责，通知村（居）、重点单位行政负责人，以电话或口头通知的形式发布。如通信不畅，场镇单位由建环所配合社区居委会通知到位，村由联村干部负责通知到位。

六、信息报送

(一) 灾情信息报送主体

由综合组负责信息的收集报送、社事办负责灾害情况统计并制定灾害统计制度和灾害信息员制度。

(二) 灾情报送内容

灾情信息收集和报告的内容有灾情发生类别、发生时间、发生地点、发生范围、灾情损失。

(三) 途径、时限和程序

报送途径，各村（居）在灾害发生后半个小时内，要核实灾情报镇值班室，镇值班室立即报主要领导，经主要领导同意，在 30 分钟内要通过党政内网值班信息和紧急情况下用电话报区委值班室和区政府值班室。若发生重大自然灾害时，可越级向主要领导报告。

在救灾过程中，实行灾情信息报告制度，各村（居）、单位要在每天下午3：00 以前统计并报综合组，若有突发情况随时报告。

七、应急响应

(一) 启动程序

1. 在应急事件发生后，只要符合启动条件，镇应急领导小组和指挥部主要领导会商后，立即将确定启动预案。

2.镇应急指挥部指挥长根据预警预报或灾害评估情况，召开有关部门和专家会议，发出启动命令，确定启动规模，落实救灾责任。

3.各工作组成员单位接到启动命令后，迅速开展工作，紧密配合，全力以赴完成救灾工作任务。

4.结束响应由镇应急领导小组根据灾情、救灾进度，由上级指挥部或原宣布启动应急响应的部门宣布响应结束。

（二）响应措施

1.通信保障。应急指挥部综合组负责通信管理部门的协调，救灾的实际需要，加强24小时值班制度，保证通信畅通。

2.现场救援和工程抢险保障。应急指挥部根据抢险救灾应急需要，配备现场救援和工程抢险必备物资。因应急抢险救援需要，依法征用、调用单位和个人所有的交通工具、设施及工程抢险装备和物资。

3.应急队伍保障。任何单位和个人都有依法参加抢险救灾的义务，民兵预备役是抢救、救援的骨干力量。各村、居委会成立抢险救灾队伍，主要承担本行政区域的抢险和救灾任务，镇成立不少于150人的应急专业队伍。必要时请上一级应急救援队伍，开展救灾工作。

4.交通运输保障。根据应急救灾的需要，调用有关单位和个人的运输工具和人力，保证一旦有事，能够及时安全地将人员输送到指定的地点。优先保证抢险救灾人员物资的运输和灾民的疏散。

5.医疗卫生保障。突发事件发生后，卫生院做好灾区的医疗救护和卫生防疫工作，落实各项防病措施。

6.治安保障。应急事件发生后，现场保卫工作由派出所负责，保证抢险救灾工作的顺利进行。

7.物资保障。根据应急工作的需要，镇人民政府储备一定数量的帐篷、编织袋、锄头、木料、探照灯、充电式应急灯、救生衣、油料和砂石等救灾物资。

8.经费保障。根据应急工作的需要，财政所做好应急资金准备，保证抢险救灾需要。

9.社会动员保障。救灾是社会公益性事业，任何单位和个人都有救灾的责任。同时任何单位和个人都有参加救灾工作的义务。在应急响应后任何单位和个人必须听从指挥，全力投入救灾工作。

10.紧急避难场所保障。发生自然灾害时，镇应急指挥部临时确定若干避难场所，任何单位及人员不得拒绝。

11.法制保障。建立完善应急工作制度。根据国家和地方应急法规要求，建立和完善应急会商、抢险技术方案会商、重大决策会商、救灾工作检查、值班、灾害报告等工作制度。

12. 抢险救灾重点。被困人员、危险区人员转移和重要的机密材料、财产和设备设施的转移。

13. 纪律

（1）责任人职责纪律

1）必须服从指挥机构的统一指挥，认真履行职责，不得讨价还钱，借故拖延。

2）必须坚决执行救灾指令，坚守岗位，认真负责，严禁擅离职守。

3）如有紧急情况，在不违背指挥机构统一指挥意图的情况下所采取的临时紧急措施，事后必须立即向指挥机构报告。

4）发现安全隐患，必须立即向指挥机构或上级组织报告，并采取相应的应急处理措施，严禁隐瞒不报。

5）服从指挥，顾全大局，出色完成任务。

（2）紧急转移纪律

1）必须认真组织，安全有序，临危不乱，遇急不慌。

2）转移必须先人员，后其他；先老弱妇幼，后青壮年；先贵重物品，后一般。

3）被转移人员必须服从指挥，严禁自行其是。

4）被转移人员必须团结互助，互相支援，严禁以强欺弱。

（3）灾后安置纪律

1）镇政府必须保证被安置灾民有住处、有饭吃、有衣穿、有医疗。

2）被安置人员必须敬老爱幼，严禁逞强好胜。

3）安置本着集中与分散相结合，各安置人员必须服从统一安置，遵守安置区的统一规定。

4）被安置人员在安置区内，必须讲文明、讲奉献，共同维护安置区卫生，严防疫病流行。

5）安置区内，不利于稳定的话不讲，不利于安置区稳定的事不做，共同维护安置区的稳定。

附录 4　1977～2017 各年份地表覆盖变化及建成区识别过程

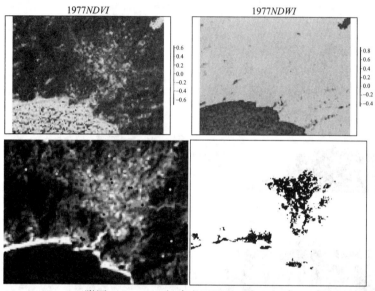

附图 4-1　1977 年建成区面积 3.3784km^2

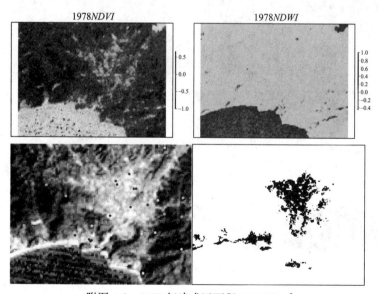

附图 4-2　1978 年建成区面积 3.6133km^2

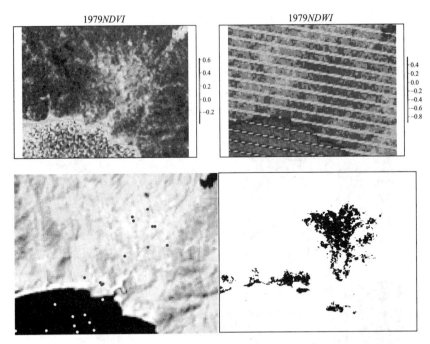

附图 4-3　1979 年建成区面积 3.91km²

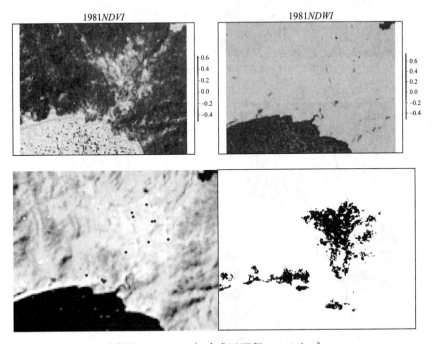

附图 4-4　1981 年建成区面积 3.9422km²

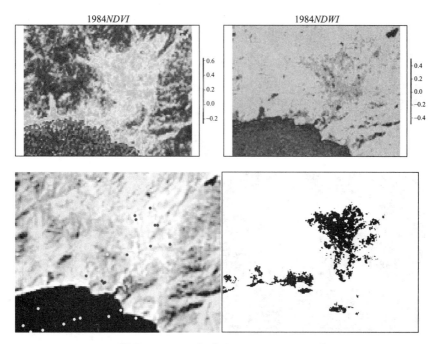

附图 4-5　1984 年建成区面积 4.0408km^2

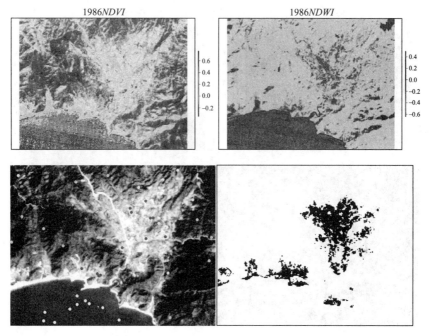

附图 4-6　1986 年建成区面积 4.2374km^2

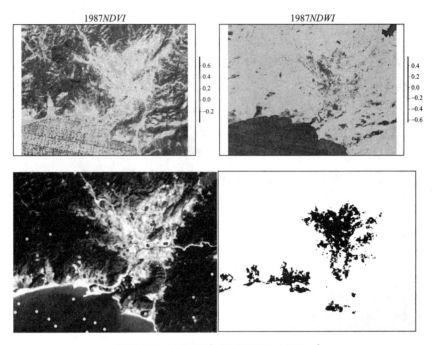

附图 4-7　1987 年建成区面积 4.4435km^2

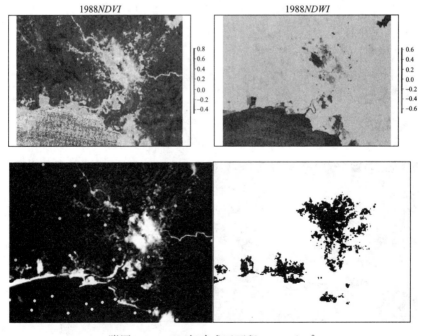

附图 4-8　1988 年建成区面积 4.6337km^2

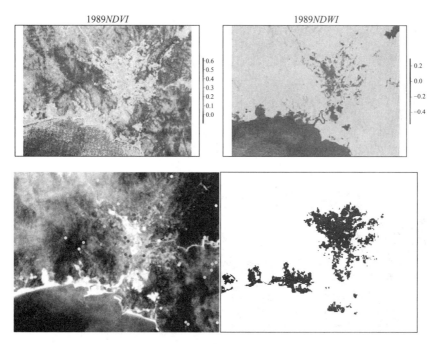

附图 4-9　1989 年建成区面积 4.9237km^2

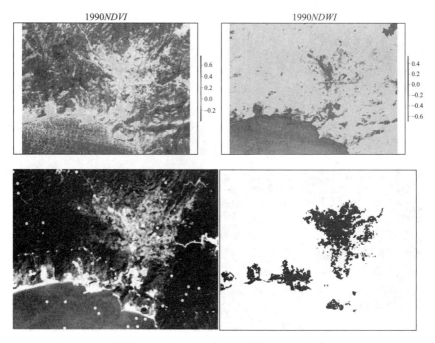

附图 4-10　1990 年建成区面积 5.0485km^2

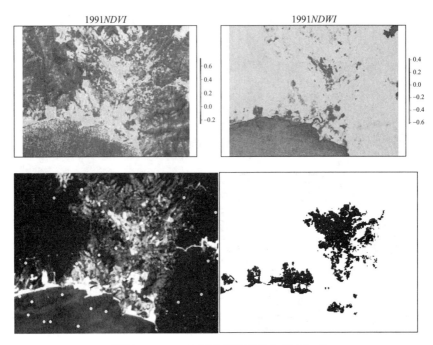

附图 4-11　1991 年建成区面积 5.5861km²

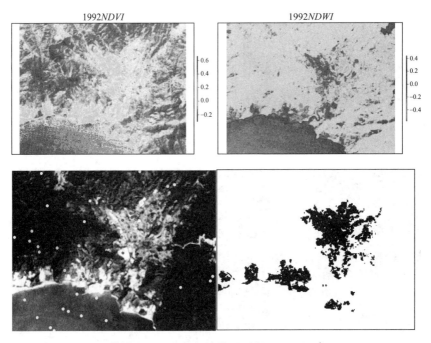

附图 4-12　1992 年建成区面积 5.6531km²

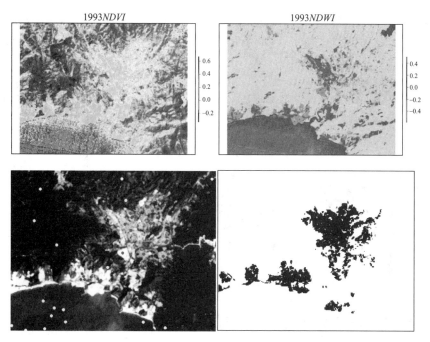

附图 4-13　1993 年建成区面积 5.6693km^2

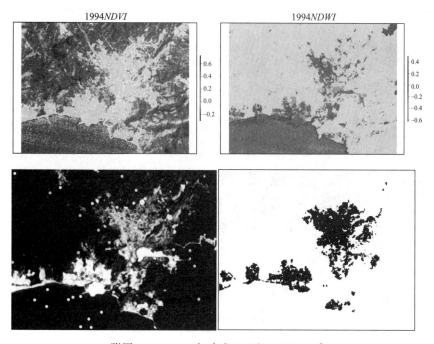

附图 4-14　1994 年建成区面积 5.8489km^2

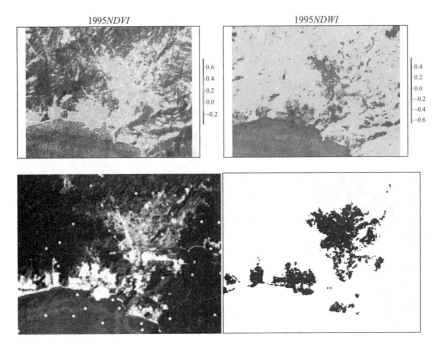

附图 4-15　1995 年建成区面积 5.897km²

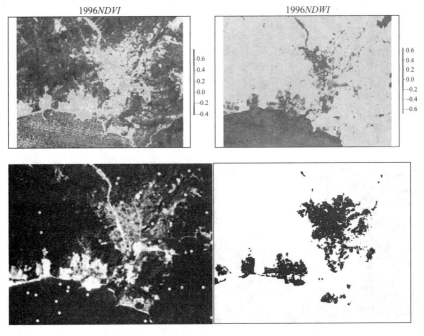

附图 4-16　1996 年建成区面积 5.9708km²

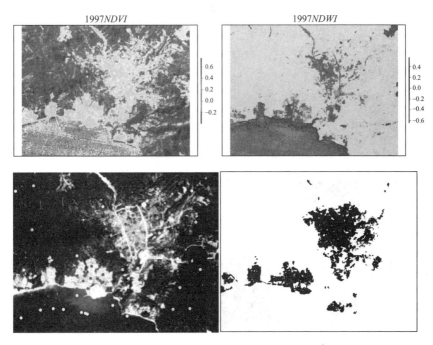

附图 4-17　1997 年建成区面积 6.2116km^2

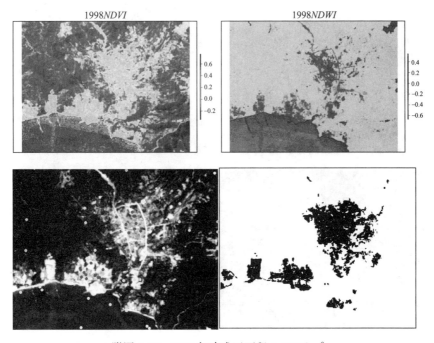

附图 4-18　1998 年建成区面积 6.3396km^2

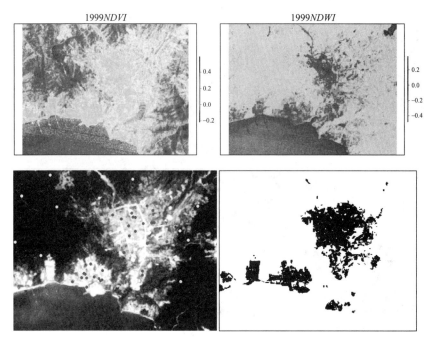

附图 4-19　1999 年建成区面积 6.5525km^2

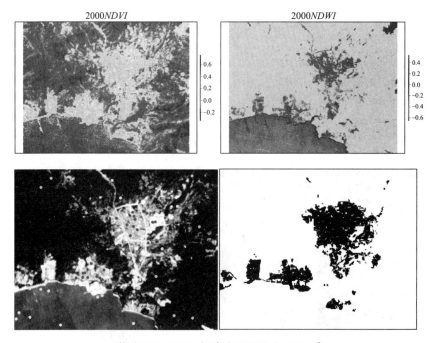

附图 4-20　2000 年建成区面积 6.671km^2

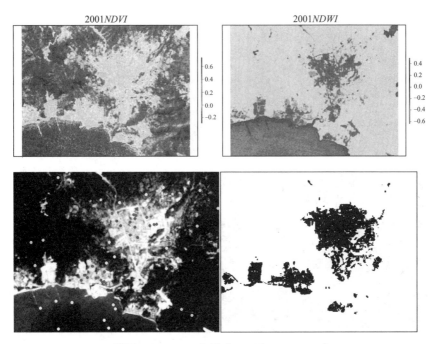

附图 4-21　2001 年建成区面积 6.8656km²

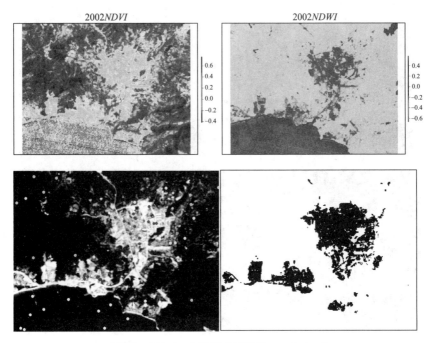

附图 4-22　2002 年建成区面积 7.0675km²

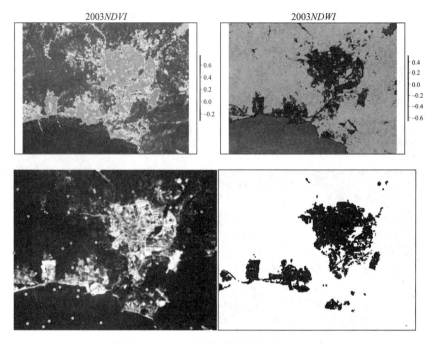

附图 4-23　2003 年建成区面积 7.3463km^2

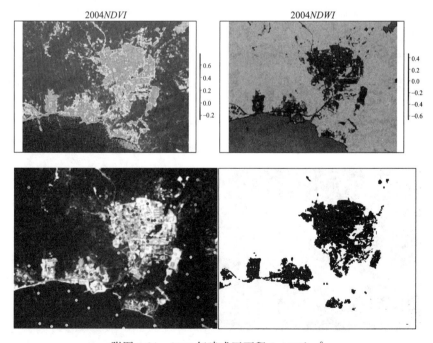

附图 4-24　2004 年建成区面积 7.4617km^2

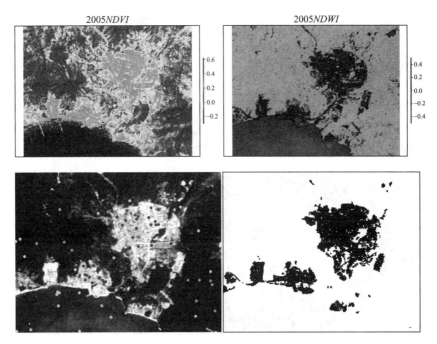

附图 4-25 2005 年建成区面积 7.5145km²

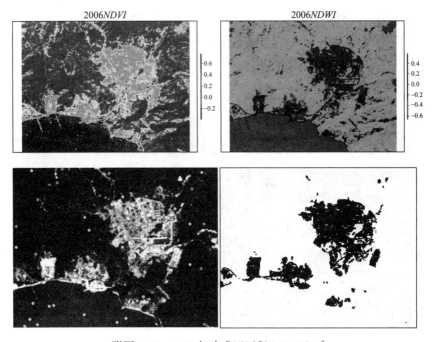

附图 4-26 2006 年建成区面积 7.5343km²

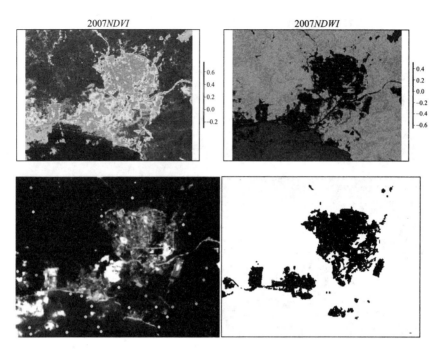

附图 4-27　2007 年建成区面积 7.6451km^2

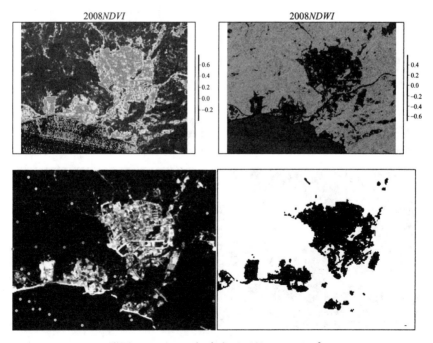

附图 4-28　2008 年建成区面积 7.9229km^2

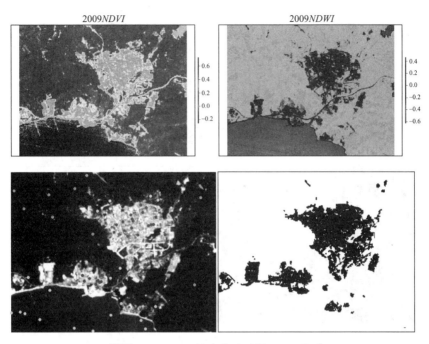

附图 4-29　2009 年建成区面积 8.0408km^2

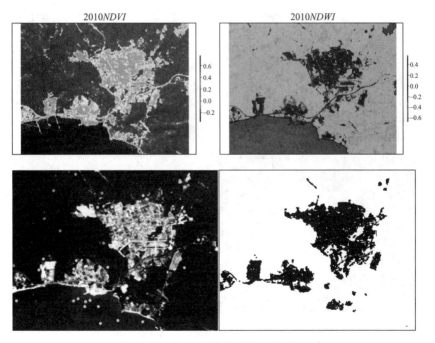

附图 4-30　2010 年建成区面积 8.199km^2

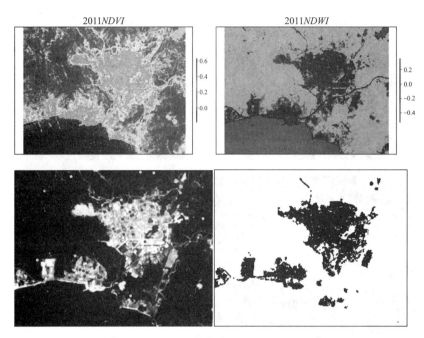

附图 4-31　2011 年建成区面积 8.2701km^2

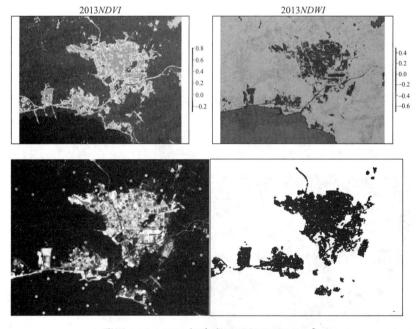

附图 4-32　2013 年建成区面积 8.3732km^2

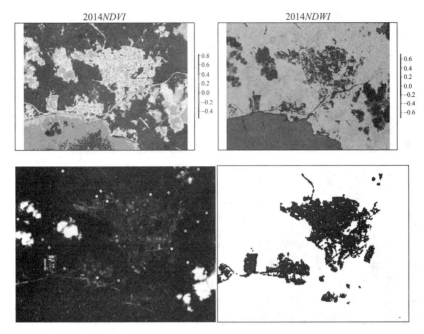

附图 4-33　2014 年建成区面积 8.386km^2

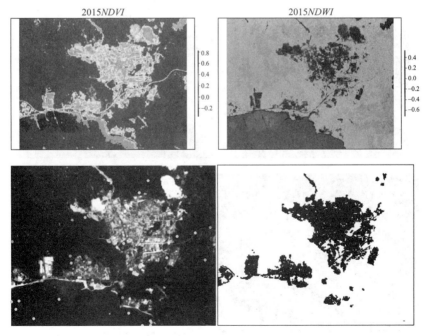

附图 4-34　2015 年建成区面积 8.5041km^2

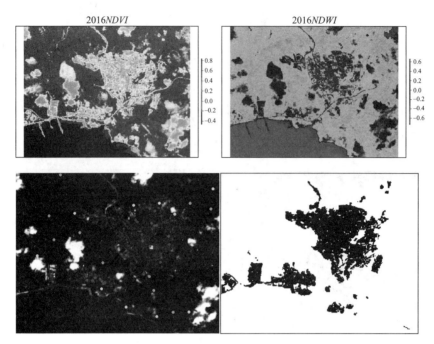

附图 4-35　2016 年建成区面积 8.7253km²

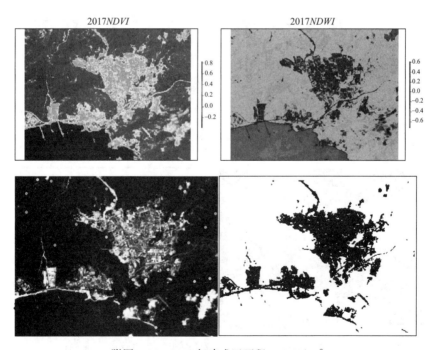

附图 4-36　2017 年建成区面积 9.8111km²